Rechenmethoden für das Physikstudium

Rechenmethoden für das Physikstudium

Dennys Gahrmann

Rechenmethoden für das Physikstudium

Springer Spektrum

Dennys Gahrmann
Didaktik der Physik
Universität Potsdam
Potsdam, Deutschland

ISBN 978-3-662-71931-2   ISBN 978-3-662-71932-9 (eBook)
https://doi.org/10.1007/978-3-662-71932-9

Die Deutsche Nationalbibliothek verzeichnet diese Publikation in der Deutschen Nationalbibliografie; detaillierte bibliografische Daten sind im Internet über https://portal.dnb.de abrufbar.

Springer Spektrum ist ein Imprint der eingetragenen Gesellschaft Springer-Verlag GmbH, DE und ist ein Teil von Springer Nature.
Die Anschrift der Gesellschaft ist: Heidelberger Platz 3, 14197 Berlin, Germany

Wenn Sie dieses Produkt entsorgen, geben Sie das Papier bitte zum Recycling.

$$\textit{Für} \left\{ \begin{array}{c} L \\ 2B \\ B + J + L \\ F \\ P \end{array} \right\}$$

Vorwort

Die Mathematik ist in der Studieneingangsphase eines Physikstudiums ein alter Bekannter – oder eher: ein alter Feind. Sie taucht auf in Vorlesungen, Übungsblättern und Prüfungen, stets bereit, Studierende in Panik zu versetzen oder in die Flucht zu schlagen. Tatsächlich wird sie nicht selten als Hauptgrund genannt, wenn Studierende das Handtuch werfen. Nicht die Physik, nicht die Experimentalpraxis, nicht mal die Klausuren – nein: die Mathematik.

Um diesem Unwesen etwas entgegenzusetzen, gibt es an einigen Hochschulen Kurse wie *Mathematische Methoden* oder auch: *Rechenmethoden*. Ein solcher Kurs – der auch diesem Buch zugrunde liegt – will keine Beweise führen, keine mathematische Rigorosität vortäuschen und auf keinem stringenten Regelsystem à la Bourbaki[1] aufbauen. Stattdessen geht es ums Rechnen. Um Konzepte. Um Methoden. Und um genau die mathematischen Werkzeuge, die in der Experimentalphysik ab der *ersten* Vorlesungsminute relevant werden.

Der Kurs setzt da an, wo die Schule aufgehört hat – oder auch schon etwas früher. Der Stil ist dabei absichtlich *schulnah:* wenig bis keine Definitionstheorie, keine epsilon-delta-Akrobatik, keine Satzjonglage, sondern konkrete Rechnungen, möglichst auf Schrittfolgen aufbauend, viele Beispiele und immer wieder kleine Zusammenfassungen, damit man beim Blättern schnell das findet, was man gerade gebrauchen kann.

Natürlich ist klar: Wer erwartet, hier die „echte" Mathematik zu finden, die mit vollständiger Induktion, wohldefinierten Ringen und Mengen sauber hantiert, wird enttäuscht. Dieses Buch bildet – mit voller Absicht – nur das ab, was man aus der Mathematik *braucht*, um der Physikvorlesung im ersten Semester folgen zu können. Nicht mehr, nicht

---

[1] Nicolas Bourbaki ist der Künstlername für ein kollektiv französischer Mathematiker, die in den 1930er-Jahren die Mathematik in der Art innovierten, als dass sie die heute bekannte sachlich-logische Struktur und innere Konsistenz der höheren Mathematik aufschrieben. Die „Éléments de mathématique" von Bourbaki sind ein Meisterwerk der inneren Zusammenhänge, aber kein Werk zum Ersterwerb von Mathematik, wie es meist genutzt wird ....

weniger. Die tiefere mathematische Struktur wird großzügig ignoriert[2], wo sie für das physikalische Verständnis *keine* Rolle spielt.

Dieses Buch versteht sich in mehrfacher Funktion:

- als **Skript** *zur* **Vorlesung**, das auf dem Schreibtisch liegt und genutzt wird, wenn man mal mathematisch einen Anstoß oder eine Regel braucht,
- als **Unterlage zum Selbststudium**, falls man die Vorlesung mal verpasst hat oder sie aufgrund einiger mathematischer Akrobatik nicht verstanden hat (kommt beides auch mal vor und ist am Anfang eines Studiums total in Ordnung),
- als **Nachschlagewerk für Lehrende**, die in einer Physikvorlesung spontan ein mathematisches Kalkül brauchen und darauf vielleicht nicht näher eingehen wollen,
- und vielleicht sogar als **Diskussionsgrundlage**, um zu diskutieren, welche Mathematik in welchem Umfang eigentlich für ein Physikstudium wichtig ist und inwieweit man der kollektiven Gruppe Bourbaki im Sinne Arnolds[3] widersprechen kann mit dem klaren Ziel, vor allem Physik zu lernen und die Mathematik „on demand" dazuzulernen.

Die Kapitel sind modular aufgebaut, d. h., man kann sich auch mal ein Thema herauspicken, ohne den Rest zu lesen. Zur Illustration werden durchweg Beispiele verwendet, gerne auch aus der echten Welt, aber manchmal auch einfach nur, weil sie hübsch sind. Ziel ist kein theoretisches System, sondern eine praktische Toolbox – mit gelegentlicher, ironischer Würze.

Wer mehr will, darf (und soll!) sich in die schöne, tiefe und auch manchmal verwirrende Welt der Mathematik wagen. Wer erstmal *Physik* studieren will und Mathematik eher ein Handwerkszeug ist, sollte hiermit richtig ausgestattet sein.

Philosophisch kann man Mathematik in diesem Buch in etwa so festhalten:

> Dieses Buch lässt die Mathematik nicht als dramatischen Tenor auftreten, sondern als stille Heldin mit Blaumann, Kaffeetasse und Kreidefingern. Das Setting ist eher Übungsblatt und Konzentration als Metaphysik und Preisverleihung.

Dennys Gahrmann

---

[2] Vielleicht zum Leitwesen von Mathematiker*innen, die wohl zu einem saubereren Werk greifen können.

[3] Wladimir Igorewitsch Arnold, falls der Name im Zusammenhang mit Mathematik und Physik unbekannt – bitte unbedingt nachschauen!

Interessenkonflikte Ich, Dennys Gahrmann, erkläre, dass nach meinem Wissen kein Interessenkonflikt vorliegt.

Inhaltsverzeichnis

Das Fundament

Am Anfang eines Studiums weiß man oft erstaunlich wenig über das, was man eigentlich weiß. Es ist ein bisschen wie bei alten Vokabeln aus dem Schulenglisch: Man denkt, man kann sie noch – bis jemand danach fragt. Dann kommt das große „Hmm... müsste ich eigentlich können." Und genau dieses „müsste" ist tückisch. Es suggeriert Sicherheit, wo keine ist.

Deshalb beginnt dieses Buch nicht mit einem Raketenstart in neue Welten, sondern mit einem kurzen Blick auf das Fundament. Denn wer ein Haus baut, ohne auf den Boden zu schauen, steht später schnell im Regen – und zwar im dritten Semester mit Differenzialgleichungen, Matrizen und anderen Vokabeln ohne bisherige Vorstellungen dazu.

In diesem ersten Teil geht es nicht darum, alles noch einmal von null auf zu erklären, sondern: mit einem prüfenden Blick durch den Werkzeugkasten führen. Da liegt einiges drin – vielleicht ein bisschen verrostet, vielleicht verlegt, aber definitiv vorhanden. Und manchmal reicht schon ein gezielter Hinweis, um es wieder in die Hand zu nehmen.

Die vier kommenden Abschnitte sind also nicht „noch mal Schule", sondern eher:

1. Eine ehrliche Übersicht: Was sollte man ungefähr (wieder) draufhaben?
2. Kleine Check-ups: Mini-Quizze, die zeigen, ob das Wissen wackelt
3. Tipps: Welche Aspekte können beim Lernen helfen?

Dieser Teil ist wie ein Werkzeugkastencheck vorm Experiment. Du willst nicht erst beim Versuch merken, dass dir der Inbusschlüssel fehlt. Also: einsteigen, durchgehen, staunen – und bei Bedarf nachschärfen, zum Beispiel unter Zuhilfenahme des W^3[1].

---

[1] gemeint ist das WWW.

© Der/die Autor(en), exklusiv lizenziert an Springer-Verlag GmbH, DE, ein Teil von Springer Nature 2025
D. Gahrmann, *Rechenmethoden für das Physikstudium*,
https://doi.org/10.1007/978-3-662-71932-9_1

1.1   Rechnen mit Zahlen, Termen und Gleichungen

Zahlen. Terme. Gleichungen. Was im ersten Moment nach Schulmathematik klingt, zeigt sich im Studium schnell als zentrales Werkzeug: Nicht spektakulär, aber unentbehrlich. Und obwohl die meisten Inhalte bereits bekannt sein dürften, zeigt die Erfahrung – sowohl von Lehrenden als auch von Studierenden – dass das sichere Beherrschen dieser Grundlagen in vielen Fällen doch brüchiger ist als gedacht.

Dieser Abschnitt widmet sich daher einem Überblick über einige wesentliche Inhalte. Im Mittelpunkt stehen Verfahren zum Rechnen mit Brüchen und – also genau den Ausdrucksformen, die in praktisch jeder physikalischen Herleitung oder Rechnung auftauchen. Ziel ist ein fehlerarmer, zügiger Umgang mit algebraischen Ausdrücken – ohne unnötiges Nachschlagen und ohne Rechenfrust.

Ein Beispiel: Die Umstellung der Formel

$$F = \frac{mv^2}{r}$$

nach der Geschwindigkeit v sollte idealerweise ohne große Verzögerung möglich sein. In diesem Fall ergibt sich durch Umformen

$$v = \pm\sqrt{\frac{Fr}{m}}.$$

Klingt banal? Ist aber genau der Punkt, an dem sich häufig kleine Fehler einschleichen, die später große Auswirkungen haben – besonders, wenn Einheiten im Spiel sind oder mehrere Umformungsschritte hintereinander erforderlich sind.

Gerade in der Physik ist das Rechnen oft nicht der spannende Teil – aber der notwendige. Es ermöglicht, sich auf das Wesentliche zu konzentrieren: die physikalische Interpretation. Wer sich zu lange in Rechenschritten verliert, verliert dabei oft den Überblick über das eigentlich zu lösende Problem.

Ein solides Rechentraining spart daher nicht nur Zeit, sondern verhindert auch, dass korrekte physikalische Überlegungen an kleinen algebraischen Ungenauigkeiten scheitern.

Und ganz nebenbei: Studierende berichten, dass durch das regelmäßige Rechnen ein besseres Gespür für Größenordnungen, Zusammenhänge und Plausibilität entsteht.

Check-up Quiz: Rechnen mit Zahlen, Termen und Gleichungen

Bevor das Quiz beginnt, ein kurzer Hinweis: Die folgenden Aufgaben sind exemplarisch und stellen keinen vollständigen Fragebogen dar, mit dem alle Lücken entdeckt werden können. Sie sollen lediglich einen Eindruck vermitteln, in welchen Bereichen eventuell noch ein wenig nachgelesen oder geübt werden sollte.

Auch wenn alle Aufgaben richtig gelöst werden, bedeutet das nicht zwangsläufig, dass das Thema vollständig beherrscht wird – es zeigt lediglich, dass diese spezifischen Aufgaben erfolgreich gelöst wurden.

Mein Tipp: Wenn Schwierigkeiten auftreten, ist es eine gute Idee, gezielt zusätzliche Aufgaben zu diesem Bereich zu suchen und zu üben, um das Verständnis weiter zu vertiefen. Wenn das dann gekonnt wird, einfach weiter „Binge-Rechnen".

Einheiten, Formeln, Gleichungen und so ... – ein Mix zum Mitdenken

1. **Einheiten umrechnen:** Eine Strecke ist $3{,}6\,\mathrm{km}$ lang. Gib die Strecke in

   - Metern,
   - Zentimetern,
   - Millimetern und
   - Lichtjahren an.

   Hinweis: $1\,\mathrm{Lj} \approx 9{,}46 \cdot 10^{15}\,\mathrm{m}$

2. **Rechnen mit Potenzen:** Schreibe die folgenden Ausdrücke als Potenz mit einer Basis:

   - $10^3 \cdot 10^5$,
   - $\dfrac{10^8}{10^2}$,
   - $(10^4)^3$.

3. **Formel umstellen:** Die Geschwindigkeit v ergibt sich aus der Formel $v = \frac{s}{t}$.

   - Stelle die Formel nach t um.
   - Stelle die Formel nach s um.

4. **Formel umstellen:** Die Formel für die potenzielle Energie eines Körpers lautet $E = m \cdot g \cdot h$.

   - Stelle die Formel nach h um.
   - Stelle die Formel nach m um.

5. **Typische Abschätzung:** Die Dichte von Wasser beträgt $\rho = 1000\,\mathrm{kg/m^3}$. Berechne, wie viel Masse ein Wassertropfen mit einem Volumen von $0{,}05\,\mathrm{ml}$ ungefähr hat. Gib dein Ergebnis in Gramm an.
   Hinweis: $1\,\mathrm{ml} = 10^{-6}\,\mathrm{m^3}$.

6. **Logarithmen verstehen:** Vereinfache folgenden Ausdruck: $\log_{10}(10^5)$. Bestimme $\log_{10}(100)$?

7. **Terme vereinfachen:** Vereinfache folgenden Term

$$\frac{2x^2 - 4x}{2x}.$$

8. **Dezimalrechnung:** Rechne ohne Taschenrechner und gib das Ergebnis als Dezimalzahl an:
$$\frac{2}{3} + \frac{3}{2}.$$

9. **Brüche vereinfachen:** Vereinfache folgenden Bruch
$$\frac{12x^2 - 6x}{6x}.$$

10. **Terme vereinfachen:** Vereinfache den Term:
$$3(x + 2) - 2(x - 4).$$

11. **Logarithmus verstehen:** Bestimme den Wert von $\log_{10}(0{,}001)$.

12. **Formel umstellen (physikalischer Kontext):** Die Energie eines geladenen Teilchens ist gegeben durch:
$$E = q \cdot U.$$
Stelle die Formel nach U um.

13. **Größenabschätzung mit Potenzen:** Wähle die passende Zehnerpotenz: Wie groß ist ungefähr die Zahl der Atome in einem Gramm Wasserstoff?

14. **Formel verstehen und transformieren:** Bei einem Experiment gilt:
$$F = k \cdot \frac{q_1 q_2}{r^2}.$$
Wie verändert sich F, wenn r verdoppelt wird?

15. **Einheitenumrechnung:** Wie viele Millisekunden sind $2{,}5$ min?

16. **Doppelbruch berechnen:** Berechne den Wert des Ausdrucks:
$$\frac{\frac{1}{2}}{\frac{3}{4}}.$$

17. **Physikalische Formel anwenden:** Die kinetische Energie ist gegeben durch:
$$E_{\text{kin}} = \frac{1}{2}mv^2.$$
Ein Körper hat die Masse $m = 0{,}5\,\text{kg}$ und die Geschwindigkeit $v = 3\,\text{m/s}$. Berechne E_{kin}.

18. **Zusatz: Formelvergleich – verschiedene Energien:** Betrachte die beiden Formeln:
$$E_{\text{pot}} = mgh \quad \text{und} \quad E_{\text{kin}} = \frac{1}{2}mv^2.$$

- Was haben beide Formeln gemeinsam?
- Welche Variable(n) drücken "Bewegung", bzw. "Lage" aus?
- Beide Formeln haben denselben Buchstaben E. Erkläre, was das über ihre Bedeutung aussagt. ◄

Zum Knobeln

Gegeben

$$H = \frac{p^2}{2m} + m\omega^2 q^2$$

a) Stelle die Formel nach q um.

b) Was passiert mit dem Impuls p, wenn die Energie H konstant bleibt, aber q größer wird?

c) Interpretiere die Bedeutung des Terms $m\omega^2 q^2$.

Formelvergleich – Was steckt drin? Gegeben:

$$E_{\text{pot}} = mgh \quad \text{und} \quad E = \frac{p^2}{2m} + m\omega^2 q^2$$

a) Welche Gemeinsamkeit haben beide Formeln?

b) Was sind die Unterschiede in der Art, wie potenzielle Energie beschrieben wird?

c) Wandle $E = mgh$ in eine Form um, die dem zweiten Summanden von H ähnlich ist. Was müsste gelten?

Ziel: Verstehe nicht nur die Buchstaben, sondern die Struktur und Bedeutung!

Bonus: Formelchaos aufräumen

$$E = \frac{1}{2}mv^2 + \frac{q^2}{4\pi\varepsilon_0 r}.$$

a) Was bedeutet der zweite Term physikalisch?

b) Stelle nach v um.

c) Wie verändert sich v, wenn r größer wird (bei konstantem E)? ◄

Tipps und Strategien

Natürlich gibt es eine riesige Sammlung an Tipps, die beim Lernen der Grundlagen helfen können – und selbstverständlich sind nicht alle gleich gut. Ich habe hier einige der sinnvolleren zusammengetragen. Aber eines bleibt immer klar: Jeder muss für sich selbst herausfinden, wie das Üben am besten funktioniert. Wichtig ist, dass man regelmäßig dran bleibt und aktiv an sich arbeitet. Und manchmal hilft es auch, über den eigenen Lernprozess nachzudenken.

- **Grundlegende Umformungstechniken üben:** Wer Gleichungen aufstellen und umstellen kann, ist schon einen großen Schritt weiter. Die Basics wie das Isolieren von Variablen oder das Distributivgesetz sind grundlegende Werkzeuge, die sich mit Übung in den Kopf einbrennen. Diese Techniken sollte man regelmäßig üben, damit sie irgendwann ohne Nachdenken abgerufen werden können. Das wird im Laufe der Zeit eine richtige Routine. Wer es dann noch schafft, dies mit immer komplexeren Gleichungen zu tun, der hat wirklich etwas drauf!

- **Exponentielle Ausdrücke, Wurzeln und Logarithmen verstehen:** Jetzt wird's etwas mystischer! Potenzen, Wurzeln und Logarithmen haben eine besondere magische Wirkung in der Mathematik – und sie kommen in der Physik ständig vor. Wer die Potenzgesetze kennt, Wurzeln ohne Zögern vereinfachen kann, wer den Logarithmus beherrscht und exponentielle Ausdrücke wie ein Zauberer handhabt ist einen entscheidenden Schritt weiter. Wer diese drei Bereiche kombiniert, hat ein mächtiges Werkzeug, um schwierige physikalische Aufgaben zu lösen. Natürlich ist alles kein Hexenwerk! Es bedarf – wie vieles – nur etwas Zeit und Übung.

- **Gleichungen systematisch lösen:** Es klingt erstmal wie eine einfache Formel, aber Gleichungen systematisch zu lösen, kann sich als echte Herausforderung entpuppen. Der Schlüssel ist, ruhig zu bleiben und immer Schritt für Schritt zu arbeiten. Bei Gleichungen hilft es ganz allgemein herumzuprobieren! Methoden wie Substitution, Einsetzen oder quadratische Ergänzung zu beherrschen ist super, aber intuitiv damit zu arbeiten ist eher das Ziel. Wichtig ist, dass jede Umformung kontrolliert durchgeführt wird und man das Ergebnis am Ende prüft.

- **Vereinfachen von Termen:** Wenn es darum geht, Ausdrücke zu vereinfachen, dann ist weniger oft mehr. Wer Terme zusammenfasst, Potenzen vereinigt oder Brüche kürzt, spart nicht nur Zeit, sondern verliert auch weniger an Präzision. Aber Vorsicht – zu schnell zu vereinfachen kann zu Fehlern führen. Gerade bei komplexeren Ausdrücken sollte man lieber einen Schritt mehr nachdenken, um sicherzugehen, dass man keine wichtigen Details überspringt. Langsam und gründlich arbeiten ist hier der richtige Weg!

- **Einheitenbehandlung:** Einheiten sind der Schlüssel zur Physik – und sie dürfen nicht einfach vernachlässigt werden. In Formeln und Gleichungen muss man immer genau aufpassen, dass man die richtigen Einheiten verwendet und bei jeder Umstellung korrekt anpasst. Fehler bei den Einheiten führen nicht nur zu falschen Ergebnissen, sondern auch zu Missverständnissen. Also: Einheiten sind nicht nur nette Anhängsel – sie sind ein essenzieller Teil der Berechnungen.

- **Mit Kommiliton*innen arbeiten:** Lernen ist oft effektiver, wenn man es nicht allein macht. Es kann sehr hilfreich sein, sich mit Kommiliton*innen zusammenzutun und gemeinsam an Aufgaben zu arbeiten. Diskussionen und Erklärungen führen zu neuen Perspektiven und machen das Verständnis oft viel klarer. Die

Ideen der anderen können den eigenen Lernprozess beschleunigen, und wenn alle an denselben Herausforderungen arbeiten, fühlt sich das Ganze nicht so einsam an. Probiert es aus – es macht nicht nur mehr Spaß, sondern bringt auch schneller Fortschritte!

- **Reflektieren und Nachholen:** Ein oft unterschätzter Tipp: Reflektiert immer mal wieder euren Lernprozess! Was läuft gut, was geht eher schief? Manchmal hilft es, ein bisschen Abstand zu gewinnen und nachzudenken, welche Themen noch Schwierigkeiten bereiten. Wenn man das erkennt, kann man sich gezielt mit diesen Bereichen befassen und so die Lücken aktiv schließen. Es ist nicht schlimm, mal eine Phase zu haben, in der es nicht so schnell vorangeht – wichtig ist, dass man daran arbeitet und nachholt. Reflexion ist ein wichtiger Schritt, um sich weiterzuentwickeln, insbesondere wenn es ums Rechnen geht.

1.2 Ableitungen

Stelle dir vor, du stehst auf einem Berggipfel und blickst auf das Tal der Mathematik. Dort unten schlängelt sich der Fluss der Funktionen, mal ruhig, mal wild. Um seine Strömung zu verstehen, benötigen wir ein Werkzeug – die Ableitung. Sie ist der Kompass für unsere Expedition durch das Gelände der Änderungsraten.

Die Ableitung ist nicht nur ein mathematisches Instrument, sondern ein Fenster in die Dynamik der Welt. Sie zeigt uns, wie sich Dinge verändern – sei es die Geschwindigkeit eines Autos, die Wachstumsrate einer Population oder die Neigung eines Hügels. Das Ziel beim Umgang mit Ableitungen ist, sicher und fehlerfrei damit umzugehen. Es geht insbesondere darum, Regeln routiniert und fehlerfrei anzuwenden.

In vielen physikalischen Aufgaben ist die Ableitung der erste Schritt, um weiterzukommen und Probleme zu lösen. Zum Beispiel in den Grundlagen der Physik: Die Geschwindigkeit $v(t)$ ist die Ableitung der Position $s(t)$ nach der Zeit[2]. Die Beschleunigung $a(t)$ wiederum ist die Ableitung der Geschwindigkeit[3]. So verstehen wir, wie ein Apfel vom Baum fällt – nicht nur dass er fällt, sondern wie schnell und wie sich das ändert. Aber auch mit einem Blick über den Tellerrand sehen wir Ableitungen. Zum Beispiel in der Biologie: Das Wachstum einer Bakterienkultur kann durch eine Funktion beschrieben werden. Die Ableitung dieser Funktion zeigt uns, wie schnell die Population wächst – entscheidend zum Beispiel für die richtige Dosierung von Antibiotika.

In diesem Kapitel möchte ich dir besonders ans Herz legen, dass es oft nicht reicht, einfach nur ein paar Rechnungen zu machen. Du solltest bei jeder Funktion so sicher sein, dass du sie ableiten kannst, auch wenn du es gerade nicht tust. Es lohnt sich also, von Anfang an gründlich zu üben und das regelmäßig zu tun.

---

[2] $v(t) = \frac{\mathrm{d}}{\mathrm{d}t}s(t)$.
[3] Frage: Wie sieht die Gleichung dafür aus?

Bevor das Quiz beginnt, ein kurzer Hinweis: Die folgenden Aufgaben sind exemplarisch und stellen keinen vollständigen Fragebogen dar, mit dem alle Lücken entdeckt werden können. Sie sollen lediglich einen Eindruck vermitteln, in welchen Bereichen eventuell noch ein wenig nachgelesen oder geübt werden sollte.

Auch wenn alle Aufgaben richtig gelöst werden, bedeutet das nicht zwangsläufig, dass das Thema vollständig beherrscht wird – es zeigt lediglich, dass diese spezifischen Aufgaben erfolgreich gelöst wurden.

Mein Tipp: Wenn Schwierigkeiten auftreten, ist es eine gute Idee, gezielt zusätzliche Aufgaben zu diesem Bereich zu suchen und zu üben, um das Verständnis weiter zu vertiefen. Wenn das dann gekonnt wird, einfach weiter „Binge-Rechnen".

1. **Ableitungen einfacher Funktionen:** Bestimme die Ableitung der folgenden Funktionen:
   - $f(x) = 3x^2 + 4x - 7$,
   - $g(x) = 5x^3 - 2x^2 + 6x - 1$,
   - $h(x) = \sin(x) + \cos(x)$.

2. **Ableitung von Produkten:** Bestimme die Ableitung der folgenden Produkte:
   - $f(x) = (3x^2)(x^3)$,
   - $g(x) = (5x + 2)(x^2 - 4x + 1)$.

3. **Ableitung von Quotienten:** Bestimme die Ableitung der folgenden Quotienten:
   - $f(x) = \frac{2x^3+5}{x^2+1}$,
   - $g(x) = \frac{x^2+3x}{x^3-2x+1}$.

4. **Kettenregel anwenden:** Bestimme die Ableitung der folgenden zusammengesetzten Funktionen:
   - $f(x) = \sin(2x)$,
   - $g(x) = \ln(3x^2 + 1)$.

5. **Anwendung der Ableitung in der Physik – Mechanik:** Die Position eines Körpers wird durch die Funktion $s(t) = 4t^2 - 2t + 3$ beschrieben.
   - Bestimme die Geschwindigkeit des Körpers zur Zeit t.
   - Bestimme die Beschleunigung des Körpers zur Zeit t.

6. **Anwendung der Ableitung in der Elektrodynamik:** Der Strom in einem Schaltkreis wird durch die Funktion $I(t) = 10 \cdot e^{-0.5t}$ beschrieben, wobei t die Zeit in Sekunden ist.
   - Bestimme die Änderungsrate des Stroms zur Zeit $t = 2$ Sekunden.
   - Bestimme den Momentanwert des Stroms bei $t = 0$.

7. **Quantenmechanik – Schrödinger-Gleichung:** Die Wellenfunktion eines Teilchens in einem eindimensionalen Potenzialtopf wird durch die Funktion $\psi(x) = A \cdot \sin(kx)$ beschrieben, wobei k eine Konstante ist.
   - Bestimme die erste Ableitung der Wellenfunktion $\psi(x)$.
   - Bestimme die zweite Ableitung von $\psi(x)$.

8. **Ableitung höherer Ordnung:** Bestimme die zweite Ableitung der folgenden Funktion:
$$f(x) = 5x^4 - 3x^2 + 2x.$$

9. **Abschätzung der Änderungsrate – Temperatur:** Die Temperatur eines Objekts wird durch die Funktion $T(t) = 20t^2 + 5$ beschrieben.
   - Bestimme die Änderungsrate der Temperatur zur Zeit $t = 2$.

10. **Anwendung der Ableitung in der Thermodynamik:** Die Entropie S eines Systems ist durch die Funktion $S(V) = 5V^{2/3}$ gegeben, wobei V das Volumen ist.
    - Bestimme die Änderung der Entropie nach einer Änderung des Volumens.
    - Bestimme die Rate der Entropieänderung bei $V = 8$. ◄

Tipps und Strategien

Natürlich gibt es eine riesige Sammlung an Tipps, die beim Lernen der Grundlagen helfen können – und selbstverständlich sind nicht alle gleich gut. Ich habe hier einige der sinnvolleren zusammengetragen. Aber eines bleibt immer klar: Jeder muss für sich selbst herausfinden, wie das Üben am besten funktioniert. Wichtig ist, dass man regelmäßig dran bleibt und aktiv an sich arbeitet. Und manchmal hilft es auch, über den eigenen Lernprozess nachzudenken.

Wenn du dich beim Ableiten fühlst wie Robinson Crusoe ohne Karte, keine Sorge: Auch erfahrene Mathematikreisende haben sich schon im Dschungel der Produktregel verirrt oder sind in den Sümpfen der Kettenregel steckengeblieben. Damit dir das nicht (so oft) passiert, hier eine kleine Expeditionsausrüstung – kompakt, scharf geschliffen und mit Humor gewürzt:

- **Die Grundregeln kennen wie den PIN deiner EC-Karte.** Potenz-, Produkt-, Quotienten- und Kettenregel sind das ABC der Ableitung. Und genau wie bei der Grammatik: Wer sie mischt, ohne zu wissen, was er tut, landet bei Kauderwelsch. Also am besten alle Regeln mehrfach nutzen und viel üben.

- **Sinus und Konsorten: Trigonometrie ist kein Hexenwerk.** Wer sich $\frac{d}{dx}\sin(x) = \cos(x)$ nicht merken kann, denke an den „Sinus-zu-Cosinus-Kreislauf" – und lerne: Die Ableitung von $\cos(x)$ ist $-\sin(x)$. Autsch, da ist das Minuszeichen! Kleines, aber folgenschweres Biest.

- **Exponential- und Logarithmusfunktionen: die Stars mit Sonderregeln.** e^x ist das Chamäleon unter den Funktionen: abgeleitet bleibt es sich selbst. Und der natürliche Logarithmus? Der gibt dir ehrlich zu erkennen: $\frac{d}{dx}\ln(x) = \frac{1}{x}$. Nur nicht bei $x \le 0$ – da ist er nicht zu sprechen.

- **Die Produktregel – wie beim Tanz: beide Partner beachten!** Nicht einfach „ableiten und multiplizieren", sondern brav: Erst das eine mal das andere, dann das andere mal das eine. Also $u'v + uv'$. Sonst trittst du deinem Funktionsterm auf die Füße.

- **Vereinfachen nach dem Ableiten: der Frühjahrsputz.** Nach dem Ableiten sieht es oft aus wie im Keller nach dem Umzug. Da hilft nur Aufräumen: Zusammenfassen, Klammern sortieren, trigonometrische Identitäten schwingen lassen[4]. Es lohnt sich.

- **Komplexe Schichtfunktionen? Kettenregel deluxe!** Beispiel: $f(x) = \sin(x^2 + 3x)$. Da steckt ein kleines Monster drin. Lösung: Funktion zerlegen – innere und äußere Schicht identifizieren – beide separat ableiten – dann wieder zusammenpuzzeln.

- **Lernressourcen nutzen – aber mit Verstand.** Videoplattform des Vertrauens, Matheportale, Lernapps – alles hilfreich. Aber: Nicht jeden Schritt blind abschreiben, sondern aktiv nachrechnen und verstehen, was da passiert. Sonst wird aus Lernen nur Abschreiben mit Bonusgrafik.

- **Graphisch denken – der Aha-Effekt!** Die Ableitung ist die Steigung der Tangente. Schau dir den Graphen an und frag dich: Wo geht's rauf, wo runter, wo ist's flach? Das bringt nicht nur Verständnis, sondern auch Übersicht im Kopf.

- **Vorsicht, Vorzeichen! Achtung, Klammern!** Die häufigsten Fehler beim Ableiten sind nicht etwa fachlich, sondern unsauber. Minuszeichen vergessen? Klammer nicht gesetzt? Ergebnis: Mathematische Tragödie mit tragischem Ende.

- **Ableitungen nicht nur rechnen, sondern denken.** Eine Ableitung ist mehr als ein Zahlenbrei. Sie zeigt dir, wie sich etwas verändert – ob's wächst, schrumpft, kippt oder stagniert. Frag dich: Was sagt mir das Ergebnis? Wo ist das Maximum? Gibt's einen Wendepunkt? ...

---

[4] besonders wichtig und in diesem Buch etwas versteckt ist der Satz des Pythagoras, in lapidarer Schreibweise $\sin^2 + \cos^2 = 1$.

1.3   Integrale

Das Ziel im Umgang mit Integralen ist – ähnlich wie bei Ableitungen – ein sicherer, möglichst fehlerfreier Umgang. Integrale sind dabei keineswegs eine Laune der Mathematik, sondern Werkzeuge von erstaunlicher praktischer Relevanz. Ihre Regeln sind erlernbar und – erfreulicherweise – auch anwendbar in so angenehmen Disziplinen wie Mechanik, Thermodynamik und Quantenmechanik.

In zahllosen physikalischen Aufgaben sind Integrale der unvermeidliche Weg, um von kleinen lokalen Beiträgen auf globale Größen zu schließen. Ein einfaches Beispiel bietet die Mechanik: Ist die Beschleunigung $a(t)$ als Funktion der Zeit bekannt, so erhält man die Geschwindigkeit $v(t)$ durch Integration:

$$v = \int a(t)\, dt \quad \text{oder auch} \quad v(t) = \int_0^t a(\tau)\, d\tau.$$

Ähnlich verhält es sich bei der Berechnung der Fläche unter einer Kurve, eine Technik, die in der Physik fast ebenso unvermeidlich ist wie das gelegentliche Umräumen von Indizes. Wird beispielsweise eine Kraft $F(x)$ entlang einer Strecke x ausgeübt, so berechnet sich die geleistete Arbeit W durch das Integral:

$$W = \int F(x)\, dx.$$

Diese Beispiele sind bei Licht betrachtet keine exotischen Sonderfälle, sondern die Grundstruktur vieler physikalischer Überlegungen: Integrale summieren viele kleine, kontinuierlich veränderliche Beiträge zu einer großen Gesamtgröße auf.

Dabei bleibt zu beachten: Es genügt keineswegs, Integrale mechanisch zu berechnen – vielmehr ist ein solides Verständnis der dahinterliegenden Prinzipien notwendig. Denn die Funktionen, die im realen Leben integriert werden müssen, sind leider selten von freundlicher Einfachheit. Insbesondere bei der Arbeit können Kraftfunktionen $F(x)$ auftreten, die aus mehreren Funktionen zusammengesetzt sind, deren Integration die volle Aufmerksamkeit verlangt. Wer hier nicht auf die Grundidee der Integration zurückgreifen kann, wird schnell im Dickicht der Terme verloren gehen.

> **Check-up Quiz: Unbestimmte und Bestimmte Integrale und deren Anwendung in der Physik**

Bevor das Quiz beginnt, ein kurzer Hinweis: Die folgenden Aufgaben sind exemplarisch und stellen keinen vollständigen Fragebogen dar, mit dem alle Lücken entdeckt werden können. Sie sollen lediglich einen Eindruck vermitteln, in welchen Bereichen eventuell noch ein wenig nachgelesen oder geübt werden sollte.

Auch wenn alle Aufgaben richtig gelöst werden, bedeutet das nicht zwangsläufig, dass das Thema vollständig beherrscht wird – es zeigt lediglich, dass diese spezifischen Aufgaben erfolgreich gelöst wurden.

Mein Tipp: Wenn Schwierigkeiten auftreten, ist es eine gute Idee, gezielt zusätzliche Aufgaben zu diesem Bereich zu suchen und zu üben, um das Verständnis weiter zu vertiefen. Wenn das dann gekonnt wird, einfach weiter „Binge-Rechnen".

1. **Allgemeine Aufgaben:** Berechne folgende Integrale und schreibe alle Zwischenschritte auf:

   (a) $\int x(x-1)(x-2)\,dx$,

   (b) $\int \ln x\,dx$,

   (c) $\int (1+2x)e^{-x}\,dx$ (partielle Integration),

   (d) $\int_{t_0}^{t} \alpha\tau^2 - \gamma\tau\,d\tau$ (τ ist griechisch und wird „tau" ausgesprochen, $\alpha \in \mathbb{R}$),

   (e) $\int \frac{(\ln x)^2}{x}\,dx$ (Substitution).

2. **Unbestimmtes Integral – Geschwindigkeit aus Beschleunigung:** Die Beschleunigung eines Objekts wird durch die Funktion $a(t) = 4t + 2$ beschrieben. Bestimme die Geschwindigkeit $v(t)$, wenn $v(0) = 0$ ist:

$$v(t) = \int a(\tau)\,\mathrm{d}\tau.$$

3. **Bestimmtes Integral – Arbeit durch eine konstante Kraft:** Eine konstante Kraft $F = 10\,\text{N}$ wirkt auf ein Objekt entlang einer Strecke von $x = 0\,\text{m}$ bis $x = 5\,\text{m}$. Berechne die geleistete Arbeit W durch das Objekt:

$$W = \int_{0\,\text{m}}^{5\,\text{m}} F\,\mathrm{d}x.$$

4. **Bestimmtes Integral – Arbeit durch eine variable Kraft:** Die Kraft $F(x)$ auf ein Objekt entlang der Strecke x wird durch die Funktion $F(x) = 3\,\text{N/m}^2 x^2$ beschrieben. Berechne die geleistete Arbeit W, wenn das Objekt von $x = 0\,\text{m}$ bis $x = 2\,\text{m}$ bewegt wird:

$$W = \int_{0\,\text{m}}^{2\,\text{m}} F(x)\,\mathrm{d}x.$$

5. **Unbestimmtes Integral – Geschwindigkeit bei variabler Beschleunigung:** Die Beschleunigung eines Objekts ist gegeben durch $a(t) = 6\,\text{m/s}^3 t$. Bestimme die Geschwindigkeit $v(t)$, wenn $v(0) = 0$ zu Beginn der Bewegung gegeben ist.

6. **Bestimmtes Integral – Gravitationsarbeit:** Ein Objekt wird durch die Schwerkraft mit einer Kraft $F(x) = -mg$ beeinflusst, wobei m die Masse des Objekts ist und g die Erdbeschleunigung. Bestimme die Arbeit, die auf das Objekt wirkt, wenn es sich von $x = 0$ bis $x = h$ (mit $h = 10\,\text{m}$) bewegt:

7. **Unbestimmtes Integral – Potenzregel:** Berechne das unbestimmte Integral

$$\int x^3\,\mathrm{d}x.$$

8. **Unbestimmtes Integral – Exponentialfunktion:** Berechne das unbestimmte Integral

$$\int e^{2x}\,\mathrm{d}x.$$

9. **Bestimmtes Integral – Fläche unter der Kurve:** Berechne die Fläche unter der Parabel $f(x) = x^2$ im Intervall von $x = 0$ bis $x = 3$:

$$A = \int_0^3 x^2\,\mathrm{d}x.$$

10. **Bestimmtes Integral – Durchschnittsgeschwindigkeit:** Ein Auto fährt mit einer Geschwindigkeit $v(t) = 2\,\mathrm{m/s}^2 t + 3\,\mathrm{km/h}$. Berechne die durchschnittliche Geschwindigkeit des Autos auf dem Zeitraum von $t = 0$ bis $t = 5\,\mathrm{h}$:

$$\overline{v} = \frac{1}{5}\int_0^5 v(t)\,\mathrm{d}t.$$

11. **Unbestimmtes Integral – Sinusfunktion:** Berechne das unbestimmte Integral

$$\int \sin(2x^2)\,\mathrm{d}x. \quad \blacktriangleleft$$

Tipps und Strategien

Natürlich gibt es eine riesige Sammlung an Tipps, die beim Lernen der Grundlagen helfen können – und selbstverständlich sind nicht alle gleich gut. Ich habe hier einige der sinnvolleren zusammengetragen. Aber eines bleibt immer klar: Jeder muss für sich selbst herausfinden, wie das Üben am besten funktioniert. Wichtig ist, dass man regelmäßig dran bleibt und aktiv an sich arbeitet. Und manchmal hilft es auch, über den eigenen Lernprozess nachzudenken.

- **Verinnerlichung der Grundregeln:** Die fundamentalen Regeln – Potenzregel, partielle Integration, Substitution – sind in ihrer Struktur und Anwendung präzise zu beherrschen. Ihre korrekte Anwendung auch unter wechselnden Bedingungen ist unerlässlich für eine belastbare Integrationsfähigkeit.
- **Substitution als Kunstgriff:** Die Technik der Substitution erlaubt es, komplexe Integranden auf einfachere Strukturen zurückzuführen. Ihre erfolgreiche Anwendung setzt ein feines Gespür für geeignete Wahl von u und du voraus; sie ist zum Beispiel bei Funktionen der Form $\ln x$ oder $e^{g(x)}$ von besonderem Nutzen.

- **Partielle Integration mit System:** Wo Integranden Produkte von Funktionen darstellen, eröffnet die partielle Integration einen eleganten Lösungsweg. Die Formel $\int f(x)g(x)\,dx = f(x)G(x) - \int f'(x)G(x)\,dx$ ist nicht mechanisch, sondern mit Bedacht und unter sorgfältiger Beachtung von Klammerungen und Vorzeichen anzuwenden.

- **Sichere Beherrschung der Potenzregel:** Die Potenzregel $\int x^n\,dx = \frac{x^{n+1}}{n+1} + C$ (für $n \neq -1$) ist einer der Grundpfeiler der Integration. Die besondere Stellung des Logarithmus bei $n = -1$ muss stets präsent sein, um Fehlanwendungen zu vermeiden.

- **Gewissenhafte Behandlung bestimmter Integrale:** Bei bestimmten Integralen ist auf die korrekte Substitution der Grenzen besondere Sorgfalt zu verwenden. Die Beziehung $\int_a^b f(x)\,dx = F(b) - F(a)$ ist eine Grundwahrheit, deren Missachtung empfindliche Fehler nach sich zieht.

- **Nachträgliche Vereinfachung:** Das Rechenergebnis eines Integrals ist nicht Selbstzweck. Es bedarf der Vereinfachung durch Zusammenfassung von Termen, Kürzen von Brüchen und Anwendung bekannter Identitäten. Erst die elegante Darstellung rundet den Lösungsweg ab.

- **Einheitendimensionen als Kontrollinstrument:** Insbesondere bei physikalischen Fragestellungen bieten die Einheiten eine unverzichtbare Kontrolle. Stimmt die Dimension nicht, so liegt unweigerlich ein Rechenfehler vor.

- **Gezielte Nutzung externer Ressourcen:** Digitale und gedruckte Lernhilfen können den Lernprozess erheblich bereichern. Es ist jedoch ratsam, sie nicht unkritisch zu konsumieren, sondern gezielt zur Festigung der eigenen Potenziale einzusetzen.

- **Graphische Interpretation:** Das Integral als Fläche unter einer Kurve zu verstehen, verleiht der Rechnerei anschauliche Tiefe. Diese Einsicht schärft nicht nur das mathematische Verständnis, sondern auch die Fähigkeit zur sinnvollen Interpretation von Ergebnissen.

- **Sorgfalt bei Vorzeichen und Klammern:** Flüchtigkeitsfehler bei Vorzeichen und Klammern gehören zu den häufigsten und folgenreichsten Fehlerquellen. Eine systematische und disziplinierte Notation mindert dieses Risiko erheblich.

- **Verständnis der begrifflichen Bedeutung:** Das Integral ist nicht bloß eine technische Operation, sondern ein Instrument zur Beschreibung kumulativer Prozesse – Flächen, Summen, Veränderungen. Dieses inhaltliche Verständnis sollte die Rechenpraxis stets begleiten und prägen.

1.4 Vektoren

Vektoren sind überall in der Physik zu finden und daher besonders relevant! Zentral beim Umgang mit Vektoren sind typische Rechnungen, wie Addition und Multiplikation. In diesem Abschnitt werden in einer sehr kurzen Darstellung grundlegende Rechenregeln für Vektoren eingeführt und mit Beispielen unterlegt[5].

Mini-Einführung zu Vektoren
Ein Vektor in drei Dimensionen kann als geordnete Menge von drei Zahlen dargestellt werden. Eine übliche Darstellung eines Vektors $\vec{a}$ ist als Spaltenvektor:

$$\vec{a} = \begin{pmatrix} a_1 \\ a_2 \\ a_3 \end{pmatrix}.$$

wobei a_1, a_2 und a_3 die Komponenten des Vektors[6] sind. Die Komponenten können beliebige Zahlen aber natürlich auch andere Dinge sein, zum Beispiel Objekte vom Einkauf[7].

▶ **Betrag eines Vektors** Der Betrag eines Vektors $\vec{a}$, bezeichnet als $|\vec{a}|$, ist die Länge des Vektors und wird durch die folgende Formel berechnet:

$$|\vec{a}| = \sqrt{a_1^2 + a_2^2 + a_3^2}.$$

Beispiel: Sei $\vec{a} = \begin{pmatrix} 3 \\ -4 \\ 12 \end{pmatrix}$. Dann ist der Betrag von $\vec{a}$:

$$|\vec{a}| = \sqrt{3^2 + (-4)^2 + 12^2} = \sqrt{9 + 16 + 144} = \sqrt{169} = 13.$$

▶ **Einheitsvektor** Ein Einheitsvektor ist ein Vektor, der genau die Länge 1 hat, aber dieselbe Richtung wie der gegebene Vektor zeigt. Um so einen Einheitsvektor zu finden, teilt man den Vektor einfach durch seinen Betrag und setzt dem Einheitsvektor einen Hut auf den Kopf:

$$\hat{a} = \frac{\vec{a}}{|\vec{a}|}$$

---

[5] Mathematiker*innen werden hier kurz die Stirn runzeln. Als Antwort vorab: Ja, Mathematik ist allgemeiner, aber da sich die Physik in den meisten Fällen (vor allem zu Beginn des Studiums) auf den reellen Zahlen und maximal in 3D abspielt, reicht uns dieser Einstieg zum Rechnen und üben.

[6] Wer mit verschiedenen Notationen bereits gut zurecht kommt, dem sei gesagt, dass Vektoren auch in der sogenannten „Bra-Ket"-Notation geschrieben werden können als $|a>$, die in der Quantenmechanik als Notation dominiert.

[7] Bananen zum Beispiel ...

Beispiel: Mit $\vec{a} = \begin{pmatrix} 3 \\ -4 \\ 12 \end{pmatrix}$ und $|\vec{a}| = 13$ ergibt sich der Einheitsvektor

$$\hat{a} = \frac{1}{13} \begin{pmatrix} 3 \\ -4 \\ 12 \end{pmatrix} = \begin{pmatrix} \frac{3}{13} \\ \frac{-4}{13} \\ \frac{12}{13} \end{pmatrix}.$$

▶ **Skalarprodukt** Das Skalarprodukt zweier Vektoren $\vec{a} = \begin{pmatrix} a_1 \\ a_2 \\ a_3 \end{pmatrix}$ und $\vec{b} = \begin{pmatrix} b_1 \\ b_2 \\ b_3 \end{pmatrix}$

wird wie folgt berechnet[8]:

$$\vec{a} \cdot \vec{b} = a_1 b_1 + a_2 b_2 + a_3 b_3.$$

Oder als Text formuliert: Das Skalarprodukt zweier Vektoren gibt uns eine Zahl, die uns Informationen darüber gibt, wie ähnlich sich zwei Vektoren in ihrer Richtung sind. Wenn zwei Vektoren $\vec{a}$ und $\vec{b}$ eine ähnliche Richtung haben, ist das Skalarprodukt groß. Wenn sie in ganz verschiedene Richtungen zeigen, ist das Skalarprodukt klein (kleinstmöglich natürlich, wenn sie senkrecht sind, siehe nächster Absatz). Um das Skalarprodukt zu berechnen, multiplizieren wir die entsprechenden Komponenten der beiden Vektoren und addieren sie dann[9].

Beispiel: Sei $\vec{a} = \begin{pmatrix} 3 \\ -4 \\ 12 \end{pmatrix}$ und $\vec{b} = \begin{pmatrix} 1 \\ 0 \\ 2 \end{pmatrix}$. Das Skalarprodukt ist:

$$\vec{a} \cdot \vec{b} = (3)(1) + (-4)(0) + (12)(2) = 3 + 0 + 24 = 27.$$

▶ **Orthogonalitätsbedingung** Zwei Vektoren sind orthogonal[10], wenn ihr Skalarprodukt null ist.

Beispiel: Sei $\vec{a} = \begin{pmatrix} 3 \\ -4 \\ 12 \end{pmatrix}$ und $\vec{b} = \begin{pmatrix} 1 \\ 0 \\ -2 \end{pmatrix}$. Das Skalarprodukt ist:

$$\vec{a} \cdot \vec{b} = (3)(1) + (-4)(0) + (12)(-2) = 3 + 0 - 24 = -21 \neq 0.$$

Da das Skalarprodukt nicht null ist, sind die Vektoren nicht orthogonal[11].

---

[8] Für Notationspluralisten auch noch einmal in der „Bra-Ket"-Notation: $< a|b >$ oder für Mathematiker*innen noch etwas anders: $< a, b >$.

[9] Nett: Dieses Schema funktioniert auch in höheren Dimensionen, also gut einprägen!

[10] Also senkrecht!

[11] Also nicht senkrecht!

▶ **Kreuzprodukt** Das Kreuzprodukt zweier Vektoren $\vec{a} = \begin{pmatrix} a_1 \\ a_2 \\ a_3 \end{pmatrix}$ und $\vec{b} = \begin{pmatrix} b_1 \\ b_2 \\ b_3 \end{pmatrix}$

ist ein dritter Vektor, der senkrecht auf beiden anderen Vektoren steht und zeitgleich ist der Betrag (also die Länge des Vektors) genau der Flächeninhalt des von den beiden Vektoren aufgespannten Parallelogramm[12]. Es wird berechnet als:

$$\vec{a} \times \vec{b} = \begin{pmatrix} a_2 b_3 - a_3 b_2 \\ a_3 b_1 - a_1 b_3 \\ a_1 b_2 - a_2 b_1 \end{pmatrix}.$$

Beispiel: Sei $\vec{a} = \begin{pmatrix} 3 \\ -4 \\ 12 \end{pmatrix}$ und $\vec{b} = \begin{pmatrix} 1 \\ 0 \\ 2 \end{pmatrix}$. Das Kreuzprodukt ist:

$$\vec{a} \times \vec{b} = \begin{pmatrix} (-4)(2) - (12)(0) \\ (12)(1) - (3)(2) \\ (3)(0) - (-4)(1) \end{pmatrix} = \begin{pmatrix} -8 \\ 6 \\ 4 \end{pmatrix}.$$

▶ **Dyadisches Produkt** Das dyadische Produkt zweier Vektoren $\vec{a}$ und $\vec{b}$ ergibt eine Matrix (was das ist, werden wir uns später noch einmal ansehen). Es wird berechnet als:

$$\vec{a} \otimes \vec{b} = \begin{pmatrix} a_1 \\ a_2 \\ a_3 \end{pmatrix} \otimes \begin{pmatrix} b_1 \\ b_2 \\ b_3 \end{pmatrix} = \begin{pmatrix} a_1 b_1 & a_1 b_2 & a_1 b_3 \\ a_2 b_1 & a_2 b_2 & a_2 b_3 \\ a_3 b_1 & a_3 b_2 & a_3 b_3 \end{pmatrix}.$$

Beispiel: Sei $\vec{a} = \begin{pmatrix} 3 \\ -4 \\ 12 \end{pmatrix}$ und $\vec{b} = \begin{pmatrix} 1 \\ 0 \\ 2 \end{pmatrix}$. Das dyadische Produkt ist:

$$\vec{a} \otimes \vec{b} = \begin{pmatrix} 3 \\ -4 \\ 12 \end{pmatrix} \otimes \begin{pmatrix} 1 \\ 0 \\ 2 \end{pmatrix} = \begin{pmatrix} 3 & 0 & 6 \\ -4 & 0 & -8 \\ 12 & 0 & 24 \end{pmatrix}.$$

▶ **Transponieren eines Vektors** Das Transponieren eines Vektors ändert seine Ausrichtung. Ein Vektor $\vec{a} = \begin{pmatrix} a_1 \\ a_2 \\ a_3 \end{pmatrix}$, der als Spaltenvektor dargestellt wird, wird durch Transponieren zu einem Zeilenvektor und umgekehrt:

---

[12] Bitte Skizze machen und überzeugen, was hier gemeint ist

$$\vec{a} = \begin{pmatrix} a_1 \\ a_2 \\ a_3 \end{pmatrix} \quad \text{(Spaltenvektor)} \quad \Rightarrow \quad \vec{a}^T = (a_1, a_2, a_3) \quad \text{(Zeilenvektor)}.$$

Beispiel: Sei $\vec{a} = \begin{pmatrix} 3 \\ -4 \\ 12 \end{pmatrix}$. Das Transponieren von $\vec{a}$ ergibt:

$$\vec{a}^T = (3, -4, 12).$$

Auch wenn das „Hinlegen" und „Hinstellen" eines Vektors aus mathematischer Sicht einen wichtigen Hintergrund besitzt, so wird im gesamten folgenden Werk nicht zwischen diesen beiden Darstellungen unterschieden. Dies ist zwar mathematisch nicht vollständig sauber, ermöglicht jedoch eine kompakte Schreibweise. Solltet Ihr als Lesende einen Vektor sehen, fragt euch gern, ob dies eigentlich ein liegender Vektor (Zeilenvektor) oder stehender Vektor (Spaltenvektor) ist.

Check-up Quiz: Vektoren

Bevor das Quiz beginnt, ein kurzer Hinweis: Die folgenden Aufgaben sind exemplarisch und stellen keinen vollständigen Fragebogen dar, mit dem alle Lücken entdeckt werden können. Sie sollen lediglich einen Eindruck vermitteln, in welchen Bereichen eventuell noch ein wenig nachgelesen oder geübt werden sollte.

Auch wenn alle Aufgaben richtig gelöst werden, bedeutet das nicht zwangsläufig, dass das Thema vollständig beherrscht wird – es zeigt lediglich, dass diese spezifischen Aufgaben erfolgreich gelöst wurden.

Mein Tipp: Wenn Schwierigkeiten auftreten, ist es eine gute Idee, gezielt zusätzliche Aufgaben zu diesem Bereich zu suchen und zu üben, um das Verständnis weiter zu vertiefen. Wenn das dann gekonnt wird, einfach weiter „Binge-Rechnen".

1. **Gegeben sind die Vektoren** $\vec{a} = (2, 1, 3)$ und $\vec{b} = (1, -1, 2)$. Berechne das Skalarprodukt $\vec{a} \cdot \vec{b}$ und erkläre, was das Ergebnis bedeutet.
2. **Berechne den Betrag des Vektors** $\vec{a} = (4, -3, 12)$ und erkläre, was dieser Betrag in der Physik (z.B. als Geschwindigkeit oder Kraft) bedeuten könnte.
3. **Gegeben ist der Vektor** $\vec{a} = (3, 4, 0)$. Bestimme den Einheitsvektor $\hat{a}$.
4. **Berechne den Winkel**[13] zwischen den Vektoren $\vec{a} = (1, 2, 0)$ und $\vec{b} = (2, 0, 1)$. Welche Bedeutung könnte der Winkel in der Physik haben, z.B. bei der Berechnung von Kräften?

---

[13] $\cos(\varphi) = \dfrac{\vec{a} \cdot \vec{b}}{|\vec{a}|\,|\vec{b}|}$.

5. Gegeben sind die Vektoren $\vec{a} = (3, 5, 1)$ und $\vec{b} = (-1, 2, 4)$. Berechne das Kreuzprodukt $\vec{a} \times \vec{b}$ und erkläre, was es geometrisch bedeutet.

6. Ein Fahrzeug bewegt sich mit der Geschwindigkeit $\vec{v} = (20, 0, 5)$ m/s. Berechne den Betrag der Geschwindigkeit und interpretiere das Ergebnis[14].

7. Zwei Vektoren sind gegeben: $\vec{a} = (1, 1, 0)$ und $\vec{b} = (0, 1, 1)$. Berechne das Skalarprodukt $\vec{a} \cdot \vec{b}$ und bestimme, ob die Vektoren orthogonal zueinander sind.

8. Gegeben die Vektoren $\vec{u} = (3, -2, 5)$ und $\vec{v} = (-1, 4, 2)$ sowie der Vektor $\vec{w} = \left(\frac{1}{2}, -2, 10\right)$. Berechne das Spatprodukt[15] der Vektoren $\vec{u}, \vec{v}, \vec{w}$ und erkläre seine geometrische Bedeutung.

9. Ein Teilchen bewegt sich in einem magnetischen Feld, $\vec{B} = (2, 3, -1)$ und $\vec{v} = (1, -1, 2)$. Berechne das Kreuzprodukt $\vec{v} \times \vec{B}$[16].

10. *Foreshadowing:* Ein Rad fährt auf einer Kreisbahn mit einem konstanten Radius von 10 m. Der Vektor $\vec{r}(t) = (10\cos(t), 10\sin(t), 0)$ beschreibt die Position des Rades in der Ebene zum Zeitpunkt t. Bestimme die Geschwindigkeit $\vec{v}(t)$ und den Beschleunigungsvektor $\vec{a}(t)$ zu einem beliebigen Zeitpunkt t. Das wird noch gezeigt, aber gerne schonmal rumprobieren!

11. Ein Vektor $\vec{F} = (4, -2, 3)\,\text{N}$ stellt die Kraft dar, die auf einen Körper mit Masse $m = 2\,\text{kg}$ wirkt. Berechne die Beschleunigung $\vec{a}$ des Körpers unter Verwendung des 2. Newton'schen Gesetzes: $\vec{F} = m \cdot \vec{a}$. ◄

Tipps und Strategien zum Üben von Vektoren

Natürlich gibt es eine riesige Sammlung an Tipps, die beim Lernen der Grundlagen helfen können – und selbstverständlich sind nicht alle gleich gut. Ich habe hier einige der sinnvolleren zusammengetragen. Aber eines bleibt immer klar: Jeder muss für sich selbst herausfinden, wie das Üben am besten funktioniert. Wichtig ist, dass man regelmäßig dran bleibt und aktiv an sich arbeitet. Und manchmal hilft es auch, über den eigenen Lernprozess nachzudenken.

- **Regelmäßiges Üben:** Vektoren sind die kleinen Alleskönner der Physik, und wie bei jeder guten Übungseinheit gilt: Übung macht den Meister! Starte mit den einfachen Aufgaben und steigere dich dann zu den kniffligeren Herausforderungen. So wirst du immer sicherer und schneller im Umgang mit diesen mathematischen Superhelden.

---

[14] Stichwort Schnelligkeit. Fragen Sie sich einfach mal, ob ihr Tacho im Auto einen Vektor kennt oder nicht ...

[15] Das Spatprodukt, nennen wir es $(\vec{a}, \vec{b}, \vec{c})$ berechnet sich als $(\vec{a}, \vec{b}, \vec{c}) = (\vec{a} \times \vec{b}) \cdot \vec{c}$.

[16] Interpretation? Stichwort Lorentzkraft.

- **Grundlegende Vektoroperationen verinnerlichen:** Addition, Subtraktion, Skalarprodukt, Kreuzprodukt – das sind die Zutaten, aus denen Vektorrezepte gemacht sind. Jede dieser Operationen ist ein Grundpfeiler, auf dem das gesamte Vektorverständnis basiert. Wenn du sie beherrschst, läuft der Rest fast wie von selbst. Also: üben, üben, üben!

- **Skalarprodukt verstehen:** Das Skalarprodukt ist nicht nur ein mathematischer Trick, sondern ein echtes Multitalent. Es hilft dir, den Winkel zwischen zwei Vektoren zu berechnen oder einen Vektor auf einen anderen zu projizieren. Und das Beste daran: Du solltest nicht nur wissen, wie man es berechnet, sondern auch, was es geometrisch bedeutet. Denn der wahre Schlüssel zur Beherrschung des Skalarprodukts liegt im „Verstehen“ – und nicht nur im „Rechnen“.

- **Kreuzprodukt üben:** Das Kreuzprodukt ist ein echter Star in der Geometrie und der Physik – ein Vektor, der immer senkrecht zu den beiden Ausgangsvektoren steht. Es ist besonders praktisch, wenn du es mit Drehmomenten oder Magnetfeldern zu tun hast.

- **Betrag eines Vektors:** Der Betrag eines Vektors – oder besser gesagt: seine Länge – ist wie der Puls eines Sportlers. Der Betrag zeigt dir, wie „stark“ ein Vektor ist. Übe ruhig mal, diesen Betrag zu berechnen, auch in der Praxis – etwa bei der Berechnung von Geschwindigkeit oder Kraft. So erkennst du, wie Vektoren in der realen Welt Anwendung finden.

- **Einheitsvektor:** Ein Einheitsvektor ist wie der strahlende Held in einem Superhelden-Team: Er hat die gleiche Richtung wie der ursprüngliche Vektor, aber seine Länge ist immer 1. Das ist besonders nützlich, wenn du in der Physik Richtungen beschreiben willst, ohne dich mit der Größe des Vektors zu beschäftigen. Übe, Einheitsvektoren zu berechnen, und du wirst sehen, wie sie deine Arbeit erleichtern.

- **Fehlervermeidung bei Vorzeichen:** Vorzeichen sind manchmal die heimlichen Saboteure in der Vektorrechnung. Ein kleines Vorzeichen-„Missverständnis“ und schon fliegt das Ergebnis aus der Bahn. Besonders beim Skalar- und Kreuzprodukt solltest du die Vorzeichen im Auge behalten. Achte also genau darauf, dass du hier keine Fehler machst – deine Ergebnisse werden es dir danken.

Die Rechenmethoden 2

Der Hauptteil dieses Werkes sind die Rechenmethoden. In jedem Kapitel wird eine einzelne Methode zum Rechnen erklärt. Dabei werden nach einer kurzen Motivation jeweils Aufgabenbeispiele dargestellt, die am Ende eines Kapitels gelöst werden können. Anschließen werden in „How-To"-Kästen die einzelnen Methoden erklärt. Nachdem die Methoden erklärt sind, werden die anfänglichen Aufgabenbeispiele mithilfe der dargestellten Methoden gelöst. Am Ende jedes Kapitels finden sich Aufgabenteile, die die Inhalte weiter vertiefen und dazu dienen, die Methoden weiter zu festigen, bzw. noch weiter zu vertiefen.

2.1 Koordinatensysteme und Ableiten von Vektoren

Die Beschreibung physikalischer Phänomene – also das, was wir in der Physik so gerne als „die Welt da draußen" bezeichnen – erfordert es oft, Größen in unterschiedlichen Koordinatensystemen darzustellen. Und hier kommen sie ins Spiel: die Vektoren. Diese kleinen Mathematikhelden sind unersetzlich. Besonders, wenn sich Bezugssysteme ändern oder Bewegungen unter die Lupe genommen werden sollen. Man könnte fast sagen: Die Wahl des richtigen Koordinatensystems ist wie die Wahl des besten Sitzplatzes im Kino – richtig platziert, wird das Bild gleich viel klarer. Und es kann zu einem tieferen, nahezu „aha"-haften physikalischen Verständnis führen.

Ein besonders spannendes Konzept in diesem Zusammenhang ist die Ableitung von Vektoren. Zugegeben, auf den ersten Blick klingt das vielleicht etwas trocken – aber keine Sorge, die Sache hat es in sich. Es geht nämlich nicht nur darum, wie sich die Komponenten von Vektoren ändern, sondern auch sogenannte Basisvektoren sind hier relevant.

In diesem Kapitel werden verschiedene Koordinatensysteme vorgestellt – von dem gewohnt kartesischen über das zylindrische bis hin zum sphärischen.

Um einen ersten Einblick zu gewinnen, „was da so kommen kann", drei Aufgabenbeispiele:

© Der/die Autor(en), exklusiv lizenziert an Springer-Verlag GmbH, DE, ein Teil von Springer Nature 2025
D. Gahrmann, *Rechenmethoden für das Physikstudium*,
https://doi.org/10.1007/978-3-662-71932-9_2

Beispiel

Aufgabenbeispiel 1: Gegeben seien die folgenden vier Punkte im (2D- oder 3D-) Raum:

$$A = (3, -3) \qquad \text{(kartesisch)}$$

$$B = \left(4, \frac{4\pi}{3}\right) \qquad \text{(polar)}$$

$$C = (-1, 2, 3) \qquad \text{(kartesisch)}$$

$$D = \left(4, \frac{\pi}{3}, 1\right) \qquad \text{(Zylinderkoordinaten)}$$

$$E = \left(6, \frac{\pi}{6}, \frac{\pi}{4}\right) \qquad \text{(Kugelkoordinaten)}$$

Aufgabe:

- Gib jeweils an, um welche Art von Koordinatensystem es sich handelt (2D, 3D).
- Stelle die Punkte in den jeweils anderen Koordinatensystemen (kartesisch, zylindrisch, kugel) dar.

Aufgabenbeispiel 2: Gegeben seien die beiden 2-dimensionalen Vektoren $v_1 = \begin{pmatrix} 1 \\ 2 \end{pmatrix}$ und $v_2 = \begin{pmatrix} -2 \\ 1 \end{pmatrix}$. Führe eine Basistransformation durch und gib die Vektoren in Polarkoordinaten an.

Aufgabenbeispiel 3: Ein Teilchen reist auf einer Bahnkurve

$$\vec{r}(t) = \frac{1}{2}e^t \begin{pmatrix} \cos(t) \\ \sin(t) \\ \sqrt{2} \end{pmatrix}, \, t \in \mathbb{R}.$$

Berechne die Geschwindigkeit $\vec{v}(t) = \frac{d\vec{r}}{dt}$, die Schnelligkeit $|\vec{v}(t)|$ und die Beschleunigung $\vec{a}(t) = \frac{d\vec{v}}{dt}$ des Teilchens. ◄

2.1.1　How to …

… Koordinatensystem wechseln von Punkten in 2D

Die Umrechnung eines **Punktes** aus den kartesischen Koordinaten (x, y) in die Polarkoordinaten (r, φ) – und umgekehrt – gehört zu den Klassikern der Koordinatenakrobatik. Damit dieser Wechsel möglichst elegant gelingt und niemand sich dabei mathematisch verrenkt, gibt es wohlgeordnete Formeln:

$$x = r\cos(\varphi) \qquad (2.1)$$

$$y = r\sin(\varphi) \qquad (2.2)$$

und natürlich auch rückwärts

$$r \;=\; \sqrt{x^2 + y^2} \tag{2.3}$$

$$\tan(\varphi) \;=\; \frac{y}{x}. \tag{2.4}$$

Doch aufgepasst! Wer sich beim Berechnen von φ einfach blind auf den Taschenrechner verlässt, könnte unsanft von der Realität eingeholt werden. Denn der Taschenrechner weiß von Haus aus nicht, in welchem Quadranten sich der Punkt befindet – und das ist bei Winkeln keine Nebensache.

Damit also der Winkel φ auch tatsächlich an der richtigen Stelle landet, gelten folgende feinsäuberlich geordnete Fälle:

$$\varphi = \begin{cases} \arctan\left(\frac{y}{x}\right), & x > 0 \\ \arctan\left(\frac{y}{x}\right) + \pi, & x < 0,\ y \geq 0 \\ \arctan\left(\frac{y}{x}\right) - \pi, & x < 0,\ y < 0 \\ \frac{\pi}{2}, & x = 0,\ y > 0 \\ -\frac{\pi}{2}, & x = 0,\ y < 0. \end{cases}$$

Kurz gesagt: Die Welt der Polarkoordinaten dreht sich eben nicht nur um den Radius r, sondern auch darum, den richtigen Dreh bei φ zu finden. Wer dabei sorgfältig vorgeht, spart sich spätere Verwirrung – und stellt sicher, dass aus Nordost nicht plötzlich Südwest wird.

... Koordinatensystem wechseln von Punkten in 3D
Genauso wie bereits im zweidimensionalen Fall, lässt sich auch im dreidimensionalen Raum munter zwischen den verschiedenen Koordinatensystemen hin- und herwechseln. Schließlich bleibt die Mathematik auch in 3D freundlich genug, klare Übersetzungsregeln anzubieten.

Zylinderkoordinaten (ρ, φ, z) treffen auf kartesische Koordinaten (x, y, z). Die Umrechnung ist beinahe so entspannt wie eine Aufzugfahrt:

$$x \;=\; \rho \cos(\varphi) \tag{2.5}$$

$$y \;=\; \rho \sin(\varphi) \tag{2.6}$$

$$z \;=\; z \tag{2.7}$$

und rückwärts geht es so:

$$r = \sqrt{x^2 + y^2 + z^2} \tag{2.8}$$

$$\tan(\varphi) = \frac{y}{x} \tag{2.9}$$

$$z = z. \tag{2.10}$$

Auffällig: Die Höhe z bleibt einfach, was sie ist – keine Spiralen, keine Kurven, einfach geradeaus. Nur (x, y) tanzen im Kreis.

Kugelkoordinaten (r, φ, ϑ) hingegen verlangen ein bisschen mehr geometrische Vorstellungskraft: Hier wird nicht nur um die Ecke gedacht, sondern auch nach oben und unten.

Die Umrechnung in kartesische Koordinaten (x, y, z) folgt einem gut choreografierten Programm:

$$x = r \sin(\vartheta) \cos(\varphi) \tag{2.11}$$

$$y = r \sin(\vartheta) \sin(\varphi) \tag{2.12}$$

$$z = r \cos(\vartheta) \tag{2.13}$$

und natürlich auch zurück:

$$r = \sqrt{x^2 + y^2 + z^2} \tag{2.14}$$

$$\cos(\vartheta) = \frac{z}{r} = \frac{z}{\sqrt{x^2 + y^2 + z^2}} \tag{2.15}$$

$$\tan(\varphi) = \frac{y}{x}. \tag{2.16}$$

Hier zeigt sich die Schönheit der Kugelkoordinaten: Ein Radius r für die Entfernung zum Ursprung, ein Winkel ϑ zur z-Achse (vorsichtige Neigung statt freier Fall) und ein Winkel φ in der xy-Ebene (klassisches Kreisen).

Wer sich bei diesen Umrechnungen eine kleine Skizze gönnt, wird schnell merken: Der Sprung von zwei auf drei Dimensionen ist nicht so furchteinflößend, wie er manchmal klingt.

... Koordinatensystem wechseln von Vektoren in 2D

Nicht nur Punkte lassen sich in Polarkoordinaten zwängen – auch Vektoren zeigen sich durchaus anpassungsfähig. Dabei lauert jedoch eine kleine Verwechslungsgefahr: Wird die Schreibweise $\vec{v} = \begin{pmatrix} v_1 \\ v_2 \end{pmatrix}$ verwendet, sind in aller Regel kartesische Komponenten gemeint. Man könnte allerdings auf die Idee kommen, auf diese Weise auch Polarkoordinaten darzustellen.

Um unnötiges Rätselraten zu vermeiden, eine Anmerkung: In diesem Buch bezeichnen Vektoren in der klassischen Spaltenform in den meisten Fällen kartesische Komponenten. Falls dies mal nicht der Fall ist, wurde versucht mit Indizes zu Arbeiten.

Die Darstellung sieht entsprechend so aus:

$$\vec{a} = \begin{pmatrix} a_x \\ a_y \end{pmatrix} = a_x \vec{e}_x + a_y \vec{e}_y \tag{2.17}$$

$$\vec{a} = a_r \vec{e}_r + a_\varphi \vec{e}_\varphi. \tag{2.18}$$

Hierbei stehen die $\vec{e}$ für sogenannte Basisvektoren. Für das kartesische 2D-System sind diese denkbar einfach:

$$\vec{e}_x = \begin{pmatrix} 1 \\ 0 \end{pmatrix}, \quad \vec{e}_y = \begin{pmatrix} 0 \\ 1 \end{pmatrix}.$$

Wer nun tatsächlich zwischen den Darstellungen wechseln möchte, muss nur ein wenig trigonometrisches Fingerspitzengefühl beweisen. Die Umrechnungen lauten:

$$a_x = a_r \cos(\varphi) - a_\varphi \sin(\varphi) \tag{2.19}$$

$$a_y = a_r \sin(\varphi) + a_\varphi \cos(\varphi) \tag{2.20}$$

und umgekehrt:

$$a_r = a_x \cos(\varphi) + a_y \sin(\varphi) \tag{2.21}$$

$$a_\varphi = -a_x \sin(\varphi) + a_y \cos(\varphi). \tag{2.22}$$

... Vektoren ableiten

Natürlich bleiben Vektoren nicht immer artig an ihrem Platz – manchmal bewegen sie sich. Und damit stellt sich die Frage: Wie leitet man eigentlich eine vektorwertige Funktion ab?

Die Definition ist erfreulich geradlinig:

$$\frac{\mathrm{d}\vec{r}}{\mathrm{d}t} = \dot{\vec{r}}(t) = \begin{pmatrix} \dot{x}(t) \\ \dot{y}(t) \\ \dot{z}(t) \end{pmatrix}, \tag{2.23}$$

wobei der kleine Punkt auf dem Kopf ($\dot{x}$) einfach als praktische Kurzschreibweise für die Ableitung nach der Zeit t dient:

$$\dot{x} = \frac{\mathrm{d}x}{\mathrm{d}t}.$$

▶ **Achtung! Punkt oder Vektor?** In den *How-To*-Kästen dieses Kapitels ist eine wichtige Unterscheidung eingeführt worden – und zwar mit voller Absicht deutlich hervorgehoben: Punkt ist nicht gleich Vektor! Klingt zunächst banal, hat aber beim Wechsel zwischen Koordinatensystemen große Auswirkungen. Wenn ihr also zwischen kartesischen und Polarkoordinaten (oder einem anderen System) umrechnet, achtet bitte ganz genau darauf: Geht es um einen **konkreten Punkt,** also eine feste Position im Raum? Oder beschreibt ihr einen **Vektor,** der z. B. eine Bewegung, eine Kraft oder eine Geschwindigkeit repräsentiert?
Die Rechenwege und Transformationen unterscheiden sich teils erheblich – und es wäre schade, die richtige Formel auf das falsche Objekt anzuwenden. Also: Augen auf beim Koordinatensprung!

▶ **Achtung! Schreibweisen für Ableitungen** Auch bei Ableitungen kann man leicht den Überblick verlieren – nicht weil die Mathematik besonders kompliziert wäre, sondern weil es einfach viele Schreibweisen gibt. Hier also ein kurzer Überblick über die Varianten, die in diesem Buch und in der Physik üblich sind.

1) **Ableitungen nach einer Variablen** x Für eine Funktion $f(x)$, die von einer allgemeinen Variablen x abhängt, begegnet euch vermutlich zuerst die aus der Schule bekannte Schreibweise „mit dem Strich". Schaut man aber in Physikbücher, dann gibt es nicht „die eine richtige" Schreibweise, sondern verschiedene. Die folgenden drei am häufigsten verwendeten Varianten sind gleichwertig und vollkommen austauschbar:

$$f'(x) = \frac{\mathrm{d}f(x)}{\mathrm{d}x} = \frac{\mathrm{d}f}{\mathrm{d}x}(x). \tag{2.24}$$

Die Gleichheitszeichen sind hier ausdrücklich als Einladung zur Wahlfreiheit zu verstehen – nutzt diejenige Form, die am besten gefällt oder die zur Situation passt. Wichtig ist nur: Alle drei meinen exakt dasselbe und kommen alle vor. Man sollte sich also der verschiedenen Varianten bewusst sein und sie synonym verwenden können.

Manchmal wird die abhängige Variable x in der Schreibweise sogar weggelassen, also steht einfach nur f'. Damit das trotzdem Sinn ergibt, sollte man sich immer ins Gedächtnis rufen, von welcher Variablen f überhaupt abhängt.

2) **Ableitungen nach der Zeit** t In der Physik ist die Zeit fast immer die zentrale Veränderungsgröße – entsprechend gibt es eine eigene, besonders kompakte Notation für Ableitungen nach der Zeit t:

$$\dot{f}(t) = \frac{\mathrm{d}f(t)}{\mathrm{d}t} = \frac{\mathrm{d}f}{\mathrm{d}t}(t). \tag{2.25}$$

Das kleine Pünktchen auf dem Kopf der Funktion ist kein Versehen, sondern ein Klassiker der physikalischen Notation: Der Punkt steht für die Ableitung nach der Zeit. Und: Auch höhere Ableitungen lassen sich auf diese Weise darstellen – so steht z. B.

$$a(t) = \dot{v}(t) = \ddot{s}(t)$$

für die Beschleunigung $a(t)$ als erste Ableitung der Geschwindigkeit $v(t)$ und als zweite Ableitung der Position $s(t)$. Elegant, knapp – und anfangs ein bisschen gewöhnungsbedürftig.

Aber keine Sorge: Die Bedeutung steckt in der Logik – und mit etwas Übung erkennt man die Zusammenhänge auf einen Blick.

2.1.2   Aufgaben

Lösung der Aufgabenbeispiele

Zu Beginn des Kapitels wurden drei exemplarische Aufgabenbeispiele dargestellt. An dieser Stelle sind die Aufgabenbeispiele exemplarisch gelöst. Wichtig ist hierbei, dass es grundsätzliche nicht *die eine richtige* Lösungsmethode gibt, auch wenn man dies vielleicht von Mathematik erwarten würde. Mein Tipp wäre hier: Versucht die Aufgaben nachzuvollziehen und nutzt einen Stift, um euch Notizen zu machen, falls ihr euch bei einzelnen Schritten nicht sicher seid.

Lösung zum Aufgabenbeispiel 1:

1) Art der Koordinatensysteme

- A: 2D, kartesisch
- B: 2D, polar
- C: 3D, kartesisch
- D: 3D, Zylinderkoordinaten
- E: 3D, Kugelkoordinaten

2) Umrechnung in jeweils andere Koordinatensysteme
A: $(3, -3)$ **(kartesisch)**

- Polar:

$$r = \sqrt{3^2 + (-3)^2} = \sqrt{18} = 3\sqrt{2}, \quad \varphi = \arctan\left(\frac{-3}{3}\right) = -\frac{\pi}{4}$$

$$\Rightarrow A = \left(3\sqrt{2}, -\tfrac{\pi}{4}\right) \text{ (polar)}.$$

B: $\left(4, \tfrac{4\pi}{3}\right)$ **(polar)**

- Kartesisch:

$$x = 4\cos\left(\frac{4\pi}{3}\right) = -2, \quad y = 4\sin\left(\frac{4\pi}{3}\right) = -2\sqrt{3}$$

$$\Rightarrow B = (-2, -2\sqrt{3}) \text{ (kartesisch)}.$$

C: $(-1, 2, 3)$ **(kartesisch)**

- Zylinderkoordinaten:

$$r = \sqrt{(-1)^2 + 2^2} = \sqrt{5}, \quad \varphi = \arctan\left(\frac{2}{-1}\right) = \pi - \arctan(2), \quad z = 3$$

$$\Rightarrow C = \left(\sqrt{5}, \pi - \arctan(2), 3\right) \text{ (Zylinder)}.$$
- Kugelkoordinaten:

$$\rho = \sqrt{(-1)^2 + 2^2 + 3^2} = \sqrt{14}, \quad \theta = \arccos\left(\frac{3}{\sqrt{14}}\right),$$

$$\varphi = \arctan\left(\frac{2}{-1}\right) = \pi - \arctan(2)$$

$$\Rightarrow C = \left(\sqrt{14}, \pi - \arctan(2), \arccos\left(\tfrac{3}{\sqrt{14}}\right)\right) \text{ (Kugel)}.$$

D: $\left(4, \frac{\pi}{3}, 1\right)$ **(Zylinder)**

- Kartesisch:

$$x = 4\cos\left(\frac{\pi}{3}\right) = 2, \quad y = 4\sin\left(\frac{\pi}{3}\right) = 2\sqrt{3}, \quad z = 1$$

$\Rightarrow D = (2, 2\sqrt{3}, 1)$ (kartesisch).

E: $\left(6, \frac{\pi}{6}, \frac{\pi}{4}\right)$ **(Kugel)**

- Kartesisch:

$$x = 6\sin\left(\frac{\pi}{4}\right)\cos\left(\frac{\pi}{6}\right) = 6 \cdot \frac{\sqrt{2}}{2} \cdot \frac{\sqrt{3}}{2} = \frac{3\sqrt{6}}{2}, \, y = 6 \cdot \frac{\sqrt{2}}{2} \cdot \frac{1}{2} = \frac{3\sqrt{2}}{2},$$

$$z = 6\cos\left(\frac{\pi}{4}\right) = 6 \cdot \frac{\sqrt{2}}{2} = 3\sqrt{2}$$

$\Rightarrow E = \left(\frac{3\sqrt{6}}{2}, \frac{3\sqrt{2}}{2}, 3\sqrt{2}\right)$ (kartesisch).

Lösung zum Aufgabenbeispiel 2: Gegeben seien die Vektoren:

$$v_1 = \begin{pmatrix} 1 \\ 2 \end{pmatrix}, \quad v_2 = \begin{pmatrix} -2 \\ 1 \end{pmatrix}.$$

Basistransformation: Die Basis $\{v_1, v_2\}$ ist eine neue Basis des $\mathbb{R}^2$.
Sei $w = \begin{pmatrix} x \\ y \end{pmatrix}$ ein beliebiger Vektor. Dann lässt er sich schreiben als:

$$w = av_1 + bv_2 = a\begin{pmatrix} 1 \\ 2 \end{pmatrix} + b\begin{pmatrix} -2 \\ 1 \end{pmatrix} \Rightarrow \begin{pmatrix} x \\ y \end{pmatrix} = \begin{pmatrix} a - 2b \\ 2a + b \end{pmatrix}.$$

Polarkoordinaten der Vektoren

- Für v_1:

$$r_1 = \sqrt{1^2 + 2^2} = \sqrt{5}, \quad \varphi_1 = \arctan\left(\frac{2}{1}\right) = \arctan(2) \Rightarrow v_1 = \left(\sqrt{5}, \arctan(2)\right).$$

- Für v_2:

$$r_2 = \sqrt{(-2)^2 + 1^2} = \sqrt{5}, \quad \varphi_2 = \arctan\left(\frac{1}{-2}\right) = \pi + \arctan\left(-\frac{1}{2}\right) \Rightarrow$$

$$v_2 = \left(\sqrt{5}, \pi - \arctan(0{,}5)\right).$$

Lösung zum Aufgabenbeispiel 3:

1. Geschwindigkeit: Die Ableitung von $\vec{r}(t)$ nach t ergibt:

$$\vec{v}(t) = \frac{\mathrm{d}}{\mathrm{d}t}\left[\frac{1}{2}e^t \begin{pmatrix} \cos(t) \\ \sin(t) \\ \sqrt{2} \end{pmatrix} \right].$$

Dabei handelt es sich um ein Produkt, daher benutzen wir die Produktregel:

$$\vec{v}(t) = \frac{1}{2}\left(e^t \begin{pmatrix} \cos(t) \\ \sin(t) \\ \sqrt{2} \end{pmatrix} + e^t \begin{pmatrix} -\sin(t) \\ \cos(t) \\ 0 \end{pmatrix} \right) = \frac{1}{2}e^t \begin{pmatrix} \cos(t) - \sin(t) \\ \sin(t) + \cos(t) \\ \sqrt{2} \end{pmatrix}.$$

2. Schnelligkeit: Die Schnelligkeit ist der Betrag des Geschwindigkeitsvektors:

$$|\vec{v}(t)| = \left| \frac{1}{2}e^t \begin{pmatrix} \cos(t) - \sin(t) \\ \sin(t) + \cos(t) \\ \sqrt{2} \end{pmatrix} \right| = \frac{1}{2}e^t \sqrt{(\cos(t) - \sin(t))^2 + (\sin(t) + \cos(t))^2 + 2}.$$

Berechnung:

$$(\cos(t) - \sin(t))^2 + (\sin(t) + \cos(t))^2 = \cos^2(t) - 2\sin(t)\cos(t)$$
$$+ \sin^2(t) + \sin^2(t) + 2\sin(t)\cos(t) + \cos^2(t)$$
$$= 2(\cos^2(t) + \sin^2(t)) = 2(1) = 2.$$

Also:

$$|\vec{v}(t)| = \frac{1}{2}e^t \sqrt{2 + 2} = \frac{1}{2}e^t \cdot \sqrt{4} = e^t.$$

3. Beschleunigung: Ableitung der Geschwindigkeit:

$$\vec{a}(t) = \frac{\mathrm{d}}{\mathrm{d}t}\left[\frac{1}{2}e^t \begin{pmatrix} \cos(t) - \sin(t) \\ \sin(t) + \cos(t) \\ \sqrt{2} \end{pmatrix} \right].$$

Wieder Produktregel:

$$\vec{a}(t) = \frac{1}{2}\left(e^t \begin{pmatrix} \cos(t) - \sin(t) \\ \sin(t) + \cos(t) \\ \sqrt{2} \end{pmatrix} + e^t \begin{pmatrix} -\sin(t) - \cos(t) \\ \cos(t) - \sin(t) \\ 0 \end{pmatrix} \right)$$

$$= \frac{1}{2}e^t \begin{pmatrix} (\cos(t) - \sin(t)) + (-\sin(t) - \cos(t)) \\ (\sin(t) + \cos(t)) + (\cos(t) - \sin(t)) \\ \sqrt{2} \end{pmatrix} = \frac{1}{2}e^t \begin{pmatrix} -2\sin(t) \\ 2\cos(t) \\ \sqrt{2} \end{pmatrix}$$

$$\Rightarrow \vec{a}(t) = e^t \begin{pmatrix} -\sin(t) \\ \cos(t) \\ \frac{\sqrt{2}}{2} \end{pmatrix}. \quad \blacktriangleleft$$

Aufgabenteil 1

Aufgabe 1.1 Gegeben seien die folgenden drei Punkte: $A = (2, 0)$, $B = (3, \pi, \pi/2)$ und $C = (0, 0, \pi/4)$.

- Geben Sie an in welchen Koordinaten die Punkte dargestellt sein können, und
- Stellen Sie die Punkte anschließend in den anderen Koordinatensystemen für alle Kombinationen dar.

Aufgabe 1.2 Gegeben sei eine „schnell steigende" Helix mit der Bahnkurve

$$\vec{r}(t) = t \begin{pmatrix} \sin(t^2) \\ \cos(t^2) \\ \sin(t^2) \end{pmatrix}.$$

Berechnen Sie die Geschwindigkeit $\vec{v}(t) = \frac{d\vec{r}}{dt}$, die Schnelligkeit $|\vec{v}(t)|$ und die Beschleunigung $\vec{a}(t) = \frac{d\vec{v}}{dt}$ eines Teilchens, das sich auf dieser Kurve bewegt.

Aufgabe 1.3 Ein Teilchen bewege sich nun auf einer Bahnkurve (in Kugelkoordinaten), derart, dass

$$r(t) = 1$$
$$\varphi = t \quad \text{der Azimutalwinkel}$$
$$\vartheta = \frac{\pi}{4} + \frac{t}{10}$$

mit $0 \leq t \leq 10\pi$.

- Übersetzen Sie zuerst gemäß Definition der Kugelkoordinaten in kartesische Koordinaten, und
- bestimmen Sie anschließend Geschwindigkeit, Schnelligkeit und Beschleunigung des Teilchens.
- Bonusfrage: Was passiert, wenn man in Kugelkoordinaten den Vektor ableitet? $\blacktriangleleft$

Aufgabenteil 2

Aufgabe 2.1 Betrachten Sie die typische Bahnkurve der Helix, namentlich

$$\vec{r}(t) = \begin{pmatrix} \cos(t) \\ \sin(t) \\ t \end{pmatrix}.$$

- Bestimmen Sie

  - den Tangentenvektor $\vec{T}(t) = \dfrac{\dot{\vec{r}}(t)}{|\dot{\vec{r}}(t)|}$,
  - den Hauptnormalenvektor $\vec{N}(t) = \dfrac{\dot{\vec{T}}(t)}{|\dot{\vec{T}}(t)|}$ und
  - den Binormalenvektor $\vec{B}(t) = \vec{T}(t) \times \vec{N}(t)$.

- Bestimmen Sie die Krümmung $\kappa(t) = \dfrac{|\dot{\vec{r}}(t) \times \ddot{\vec{r}}(t)|}{|\dot{\vec{r}}(t)|^3}$ sowie die Torsion $\tau(t) = \dfrac{(\dot{\vec{r}}(t) \times \ddot{\vec{r}}(t)) \cdot \dddot{\vec{r}}(t)}{|\dot{\vec{r}}(t) \times \ddot{\vec{r}}(t)|^2}$.

- Bonuspunkte, wenn gezeigt wird, dass $\vec{T}(t), \vec{N}(t)$ und $\vec{B}(t)$ paarweise orthogonal sind.

Aufgabe 2.2 Eine Kurve in der Ebene ist in elliptischen Koordinaten (μ, ν) mit dem Halbfokalabstand $c > 0$ definiert durch:

$$\vec{r}(\mu, \nu) = \begin{pmatrix} c \cosh(\mu) \cos(\nu) \\ c \sinh(\mu) \sin(\nu) \end{pmatrix},$$

dabei sind $\mu \geq 0$ und $\nu \in [0, 2\pi)$.

1. Betrachten Sie die Kurve, die durch $\mu = \mu_0 = \ln(2)$ und $\nu = t$ mit $t \in [0, 2\pi]$ gegeben ist. Bestimmen Sie die Parametrisierung der Kurve $\vec{r}(t)$ in kartesischen Koordinaten.
2. Berechnen Sie den Tangentenvektor $\vec{v}(t) = \frac{d\vec{r}}{dt}$ der Kurve aus Teil 1.
3. Bestimmen Sie den Betrag $|\vec{v}(t)|$ des Tangentenvektors.
4. **Krümmung der Kurve:**
   Berechnen Sie die Krümmung $\kappa(t)$ der Kurve.
   Hinweis: Die Krümmung $\kappa(t)$ einer ebenen Kurve $\vec{r}(t)$ kann mit folgender Formel berechnet werden:
   $$\kappa(t) = \frac{|\dot{\vec{r}}(t) \times \ddot{\vec{r}}(t)|}{|\dot{\vec{r}}(t)|^3}.$$

Aufgabe 2.3 (für Profis) Eine Kurve in der Ebene ist in bipolaren Koordinaten (σ, τ) mit dem Halbfokalabstand $a > 0$ definiert durch:

$$\vec{r}(\sigma, \tau, z) = \begin{pmatrix} x(\sigma, \tau) \\ y(\sigma, \tau) \\ z(\sigma, \tau) \end{pmatrix} = \begin{pmatrix} a\,\dfrac{\sinh \tau}{\cosh \tau - \cos \sigma} \\ a\,\dfrac{\sin \sigma}{\cosh \tau - \cos \sigma} \\ z \end{pmatrix},$$

dabei sind $\sigma \in (-\pi, \pi]$ und $\tau, z \in \mathbb{R}$.

1. Berechnen Sie die Kurve, die durch $\tau = \tau_0 = \ln(2)$, $z = t$ und $\sigma = t$ mit $t \in [-\pi, \pi]$ gegeben ist. Bestimmen Sie die Parametrisierung der Kurve $\vec{r}(t)$ in kartesischen Koordinaten.
2. Berechnen Sie den Tangentenvektor $\vec{v}(t) = \dfrac{d\vec{r}}{dt}$ der Kurve aus Teil 1.
3. Bestimmen Sie den Betrag $|\vec{v}(t)|$ des Tangentenvektors.
4. Berechnen Sie die Krümmung $\kappa(t)$ und Torsion $\tau(t)$ der Kurve. ◄

2.2 Felder, partielle Ableitungen, Nabla und Co.

In vielen physikalischen Theorien – von der Elektrodynamik bis zur Strömungsmechanik – tauchen sie ganz selbstverständlich auf: Felder. Damit sind physikalische Größen gemeint, die nicht einfach nur einen festen Wert haben, sondern sich mit Ort und Zeit verändern. Temperatur, Druck, elektrische oder magnetische Felder – all das sind Beispiele für solche raum- und zeitabhängigen Größen.

Um diese Felder mathematisch sinnvoll untersuchen zu können, brauchen wir neue Werkzeuge. Es genügt nicht mehr, einfach nur nach einer Variablen abzuleiten – stattdessen benötigen wir partielle Ableitungen und spezielle mathematische Konstruktionen, sogenannte Differenzialoperatoren.

Ein besonders vielseitiges und wichtiges Werkzeug ist der sogenannte Nabla-Operator ∇. Je nachdem, wie und auf welche Art von Feld er angewendet wird, kann er ganz unterschiedliche Bedeutungen annehmen – und das ist kein Zufall, sondern eine seiner größten Stärken:

- Als **Gradient** beschreibt ∇ die Richtung der stärksten Zunahme eines Skalarfeldes.
- Als **Divergenz** verrät er uns, ob in einem Vektorfeld eher Quellen oder Senken auftreten.
- Und als **Rotation** gibt er Hinweise darauf, wie wirbelartig sich ein Vektorfeld in seiner Umgebung verhält.

In diesem Kapitel schauen wir uns diese Operatoren ganz systematisch an. Wir beginnen mit einer klaren Unterscheidung zwischen **Skalarfeldern** und **Vektorfeldern** – und bauen darauf auf. Schritt für Schritt führen wir die zentralen Operatoren ein, zeigen, wie sie konkret auf Felder wirken, und was sie physikalisch bedeuten.

Felder

In der Physik sind wir häufig mit Größen konfrontiert, die nicht einfach nur Zahlen sind, sondern von Ort (und oft auch von der Zeit) abhängen. Solche Größen beschreiben wir mathematisch als Felder. Dabei unterscheiden wir zwei grundlegende Arten:

- **Skalarfelder** – liefern an jeder Stelle im Raum eine reelle Zahl.
- **Vektorfelder** – liefern an jeder Stelle einen Vektor.

Wir definieren wie folgt:

Ein **Skalarfeld** ist eine Funktion

$$\phi : \mathbb{R}^n \longrightarrow \mathbb{R}, \qquad (x_1, x_2, \ldots, x_n) \longmapsto \phi(x_1, x_2, \ldots, x_n), \tag{2.26}$$

die jedem Punkt im n-dimensionalen Raum eine reelle Zahl zuordnet[1]. Zum Beispiel:

in 2D (also $n = 2$) oder mathematischer in $\mathbb{R}^2$:	Druckverteilung auf einer Membran, Temperatur auf einer Herdplatte
in 3D (also $n = 3$) oder mathematischer in $\mathbb{R}^3$:	Dichteverteilung in einer Gaswolke, elektrisches Potenzial im Raum

Ein **Vektorfeld** ist eine Funktion

$$\vec{F} : \mathbb{R}^n \longrightarrow \mathbb{R}^m, \qquad (x_1, x_2, \ldots, x_n) \longmapsto \begin{pmatrix} F_1(x_1, \ldots, x_n) \\ \vdots \\ F_m(x_1, \ldots, x_n) \end{pmatrix}, \tag{2.27}$$

die jedem Punkt im Raum einen m-dimensionalen Vektor zuordnet[2]. In der Physik betrachten wir fast immer den Fall $n = m = 2$ oder $n = m = 3$. Es ist hilfreich, sich die beiden Fälle nochmal einzeln aufzuschreiben und Beispiele zu finden:

in 2D oder mathematischer in $\mathbb{R}^2$:	Strömungsfelder in einem Waschbecken, elektrische Felder im Plattenkondensator
in 3D oder mathematischer in $\mathbb{R}^3$:	Gravitationsfelder, elektrische Felder, Magnetfelder, Geschwindigkeitsfelder von Flüssigkeiten

---

[1] Statt ϕ kann ein Skalarfeld auch anders genannt werden, zum Beispiel einfach f.

[2] Auch hier sei angemerkt, dass ein Vektorfeld auch $\vec{\text{Alice}}$ heißen kann!

In beiden Fällen – Skalarfeld wie Vektorfeld – interessiert uns nicht nur der Funktionswert selbst, sondern insbesondere auch, wie sich die Funktion lokal verhält: Steigt sie an? Zeigt sie Quellen oder Wirbel? Genau hier setzen die Differenzialoperatoren an, die wir im nächsten Abschnitt ansehen werden.

Beispiel

Aufgabenbeispiel 1 Berechnen und skizzieren Sie die Niveaulinien folgender ebener Skalarfelder:

1. $f(x, y) = x^2 + y^2 m$,
2. $f(x, y) = 4x^2 + \frac{1}{4}y^2$,
3. $f(x, y) = x^2 y - e^{-y}$.

Aufgabenbeispiel 2 Gegeben sei die Funktion $f(x, y) = \cos(x - y^2) + \ln(x^2) - 4x^3$. Prüfen sie anhand dieser Funktion die Gültigkeit des Satz von Schwarz, der besagt, dass

$$\partial_{xy}\, f(x, y) = \partial_{yx}\, f(x, y).$$

Aufgabenbeispiel 3 Gegeben seien die drei Felder $A(x, y, z) = \sin(x) + \cos^2(2y) - xy \cdot e^{xy}$, $\vec{B}(x, y) = (-y, x)$ und $\vec{C}(x, y, z) = (10(y - x), 28x - y - xz, -8z^2 + xy)$.

a) Geben Sie für die drei Felder jeweils an, ob es sich um ein Skalarfeld oder ein Vektorfeld handelt.
b) Bestimmen Sie für die Felder jeweils den Gradienten, die Divergenz und die Rotation, falls dies möglich ist. ◄

2.2.1 How to …

… Niveaulinien darstellen
Um ein Skalarfeld anschaulich zu analysieren, bietet sich die Darstellung sogenannter *Niveaulinien* (auch *Isolinien* genannt) an. Niveaulinien sind geometrische Orte, auf denen das Skalarfeld denselben Funktionswert besitzt[3]. Das Vorgehen lässt sich systematisch in drei Schritten strukturieren:

---

[3] Man denke vielleicht an eine Wanderkarte mit Linien, die zum Beispiel eine Höhe von 5000 m angeben. Das ist eine Niveaulinie.

1. **Das Skalarfeld gleich einer Konstanten setzen**

   Zunächst wird das Skalarfeld explizit hingeschrieben und gleich einer Konstanten $c \in \mathbb{R}$ gesetzt. Dadurch ergibt sich eine Gleichung, die die gesuchten Niveaulinien definiert:

   $$\phi(x_1, x_2, \ldots, x_n) = c.$$

   Beispiel:

   $$\phi(x, y) = x^2 + y^2 \quad \Rightarrow \quad x^2 + y^2 = c.$$

2. **Nach einer Variablen umstellen**

   Im nächsten Schritt wird die erhaltene Gleichung (sofern möglich) nach einer der Variablen umgestellt. Dies erleichtert das Zeichnen und die Identifikation der Kurvenform. Häufig wird nach y aufgelöst, es kann jedoch je nach Problemstellung auch sinnvoll sein, eine andere Variable zu wählen.

   Beispiel:

   $$x^2 + y^2 = c \quad \Rightarrow \quad y = \pm\sqrt{c - x^2}.$$

   In diesem Fall lässt sich die Struktur für Fortgeschrittene unmittelbar erkennen: Die Gleichung beschreibt Kreise um den Ursprung mit dem Radius $\sqrt{c}$, vorausgesetzt $c > 0$. Falls noch nicht direkt erkennbar – kein Problem! Dafür der nächste Schritt:

3. **Verschiedene Werte für c einsetzen und die Niveaulinien einzeichnen**

   Abschließend werden unterschiedliche Werte für c eingesetzt (etwa $c = -3, -2, 0, 1, 2, 5, \ldots$) und die zugehörigen Niveaulinien gemeinsam in ein Koordinatensystem eingetragen. Auf diese Weise entsteht ein anschauliches Bild der Struktur des Skalarfeldes. Tipp: Jede*r hat heutzutage ein grafikfähiges Gerät dabei. Das kann hier unterstützen, wenn man anfangs noch Probleme beim Zeichnen von Graphen hat.

   Beispiel:

$$c = 0 \quad \Rightarrow \quad x^2 + y^2 = 0 \quad \Rightarrow \quad \text{nur der Punkt } (0, 0),$$
$$c = 1 \quad \Rightarrow \quad x^2 + y^2 = 1 \quad \Rightarrow \quad \text{Kreis mit Radius } 1,$$
$$c = 2 \quad \Rightarrow \quad x^2 + y^2 = 2 \quad \Rightarrow \quad \text{Kreis mit Radius } \sqrt{2}.$$

Die Niveaulinien entsprechen in diesem Fall konzentrischen Kreisen um den Ursprung. Bonuspunkte (obwohl eigentliches Ziel der Niveaulinien) gibt es hier, wenn man anhand der Niveaulinien erkennen kann, wie das Feld in 3D aussieht[4]!

---

[4] Man denke vielleicht an einen Fingerhut.

… Vektorfelder veranschaulichen

Vektorfelder lassen sich anschaulich darstellen, indem man an ausgewählten Punkten im Raum die entsprechenden Vektoren visualisiert. Dies geschieht typischerweise durch kleine Pfeile, die an den jeweiligen Punkten ansetzen und Richtung sowie Stärke des Feldes zeigen. Eine noch tiefere Einsicht bietet die Darstellung sogenannter *Feldlinien,* welche den Verlauf des Feldes als stetige Kurven nachzeichnen.

1. **Das Vektorfeld angeben**

   Zunächst wird das gegebene Vektorfeld notiert – im zweidimensionalen Fall beispielsweise in der Form:

$$\vec{F}(x, y) = \begin{pmatrix} F_x(x, y) \\ F_y(x, y) \end{pmatrix}.$$

   Beispiel 1: Radiales Feld[5]

$$\vec{F}(x, y) = \begin{pmatrix} x \\ y \end{pmatrix}.$$

   Beispiel 2: Wirbelndes Feld[6]

$$\vec{F}(x, y) = \begin{pmatrix} -y \\ x \end{pmatrix}.$$

2. **Ein Gitter von Auswertungspunkten wählen**

   Es wird ein diskretes Gitter definiert, beispielsweise alle ganzzahligen Punkte im Bereich von -3 bis 3 entlang der x- und y-Achse[7]. An diesen Stellen wird das Feld durch Pfeile dargestellt.

---

[5] Hintergrundinfo, wie man überhaupt auf so ein Feld kommt: Hier handelt es sich um ein radialsymmetrisches Feld: Die Vektoren zeigen in Richtung des Ortsvektors. Man stelle sich als ein Waschbecken mit einer Erhebung in der Mitte vor und der Ablauf ist an den Rändern (unintuitiv, aber sicherlich ästhetisch). Möchte man nun beschreiben, wie das Wasser abläuft, zeigt sich dieses Feld als Geschwindigkeitsfeld des Wassers.

[6] Hintergrundinfo, wie man auf dieses Feld kommt: Hier handelt es sich um ein wirbelndes Feld, bei dem die Vektoren im Kreis um den Ursprung angeordnet sind. also zum Beispiel eine Teetasse von oben, nachdem man ordentlich mit einem Löffel gerührt hat.

[7] Zum Beispiel die Punkte $(-1, -1)$, $(-1, 0)$, $(0, -1)$, …

3. **Vektoren auswerten und als Pfeile einzeichnen**
   An jedem gewählten Punkt (x, y) wird der Vektor $\vec{F}(x, y)$ berechnet und eingezeichnet. (Tipp: Die Länge der Pfeile kann dabei skaliert werden, zum Beispiele alle die halbe Länge, um eine übersichtliche Darstellung zu ermöglichen).
   Beispiel 1: Bei $(1, 2)$ ergibt sich

$$\vec{F}(1, 2) = \begin{pmatrix} 1 \\ 2 \end{pmatrix},$$

   also wird bei $(1, 2)$ ein Pfeil in diese Richtung gezeichnet.
   Beispiel 2: Bei $(1, 2)$ ergibt sich

$$\vec{F}(1, 2) = \begin{pmatrix} -2 \\ 1 \end{pmatrix},$$

   also wird bei $(1, 2)$ ein Pfeil in diese Richtung gezeichnet.

4. **Feldlinien darstellen**
   Um das Gesamtverhalten des Feldes besser zu erfassen, kann zusätzlich ein Feldlinienbild gezeichnet werden. Feldlinien sind Kurven, die überall tangential zum Vektorfeld verlaufen.
   Für das radiale Feld $\vec{F}(x, y) = (x, y)$:

$$\text{Anstieg} = \frac{dy}{dx} = \frac{F_y(x, y)}{F_x(x, y)} = \frac{y}{x}.$$

Dies ist die Gleichung einer Familie von Geraden durch den Ursprung:

$$y = Cx \quad \text{mit} \quad C \in \mathbb{R}.$$

Für das wirbelnde Feld $\vec{F}(x, y) = (-y, x)$:

$$\text{Anstieg} = \frac{dy}{dx} = \frac{F_y(x, y)}{F_x(x, y)} = \frac{x}{-y}.$$

Dies ist die Gleichung eines Kreises, da die Vektoren entlang konzentrischer Kreise um den Ursprung verlaufen. Achtung! Die Kurven sind tangential gemeint. Ein reines Plotten einer Funktion reicht hier nicht aus!

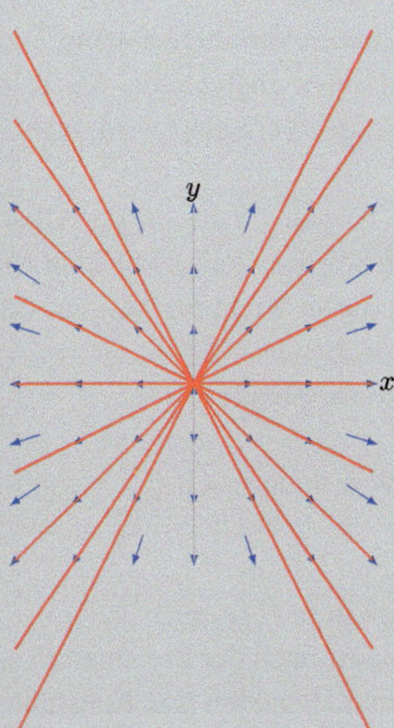

Darstellung des Vektorfeldes $\vec{F}(x, y) = (x, y)$: Die blauen Pfeile zeigen vom Ursprung weg, die roten Kurven sind die Feldlinien.

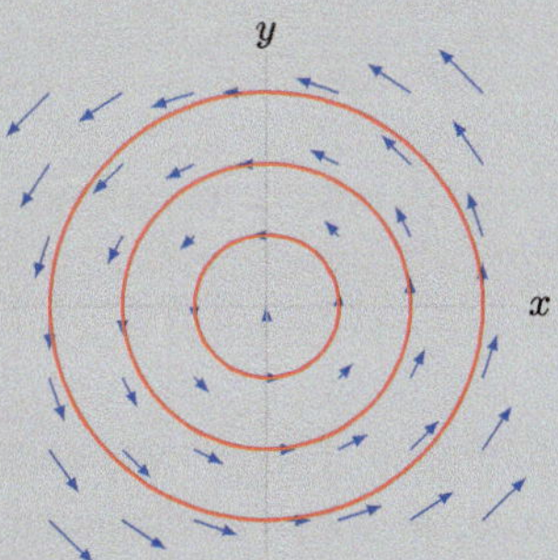

Darstellung des wirbelnden Vektorfeldes $\vec{F}(x, y) = (-y, x)$: Die blauen Pfeile sind in einem Wirbel angeordnet, die roten Kurven sind die Feldlinien (Kreise um den Ursprung).

… partielle Ableitung berechnen

Wenn eine Funktion von mehreren Variablen abhängt – zum Beispiel $f(x, y)$ – können Sie sie mit partiellen Ableitungen analysieren. Diese zeigen, wie sich die Funktion verändert, wenn nur eine Variable verändert wird, während die anderen konstant bleiben.

Stellen Sie sich vor, Sie befinden sich auf der Oberfläche der Funktion $f(x, y)$. Wenn Sie sich in x-Richtung bewegen und y konstant halten, misst die partielle Ableitung nach x, wie steil es in dieser Richtung bergauf oder bergab geht. Dasselbe gilt natürlich für die Ableitung nach y.

Textlich könnte man es so formulieren:

$$\frac{\partial f}{\partial x} \quad \text{bedeutet: „Wie ändert sich } f, \text{ wenn nur } x \text{ sich ändert?“}$$

Wie geht man vor?

1. Notieren Sie sich die Funktion $f(x_1, x_2, \ldots, x_n)$.
2. Wählen Sie die Variable aus, nach der Sie ableiten wollen (z. B. x_i).
3. Behandeln Sie alle anderen Variablen wie Konstanten.
4. Leiten Sie dann ganz normal ab – wie bei einer Funktion einer einzelnen Variablen.

Beispiel:

$$f(x, y) = x^2 y + 3x$$

Dann gilt:

$$\frac{\partial f}{\partial x} = \frac{\partial}{\partial x}(x^2 y + 3x) = 2xy + 3,$$
$$\frac{\partial f}{\partial y} = \frac{\partial}{\partial y}(x^2 y + 3x) = x^2.$$

Wichtig: Bei partiellen Ableitungen „frieren" alle anderen Variablen ein – als wären sie Konstanten. Man tut also so, als wären alle anderen Variablen Zahlen.

▶ **Schreibweisen für partielle Ableitungen** Es gibt mehrere Schreibweisen, aber keine Sorge – alle bedeuten das Gleiche. Gebräuchlich sind für $f(x_1, \ldots, x_n)$:

$$\left(\frac{\partial f}{\partial x_1} \right)_{x_2, \ldots, x_n} \equiv \frac{\partial f}{\partial x_1} \equiv \frac{\partial}{\partial x_1} f \equiv \partial_{x_1} f \equiv \partial_1 f \equiv f_{x_1} \equiv f_1.$$

All diese Schreibweisen meinen das Gleiche, also keine Panik – die Wahl hängt meist von der Präferenz der Autorin oder des Autors oder dem Kontext ab.

… höhere partielle Ableitungen berechnen

Auch höhere Ableitungen sind möglich. Wir schreiben (für $f(x, y)$):

$$\left(\frac{\partial}{\partial x}\right)_y \left(\frac{\partial f}{\partial y}\right)_x \equiv \frac{\partial}{\partial x}\frac{\partial}{\partial y}f \equiv \frac{\partial^2}{\partial x\, \partial y}f \equiv \partial_x \partial_y f \equiv \partial_{xy} f \equiv f_{yx}.$$

Hinweis: Die Indizes in der letzten Gleichheit $\partial_{xy} f \equiv f_{yx}$. Keine große Sache, aber es wird gern mal vergessen.

… totales Differenzial bestimmen

Betrachten wir $f(x, y)$ als ein edles Gerät, das mit höchster Präzision auf zwei Dreh-knöpfe reagiert: x und y. Drehen Sie an x, meldet sich f mit

$$\frac{\partial f}{\partial x}\, dx,$$

drehen Sie an y, bekommen Sie

$$\frac{\partial f}{\partial y}\, dy.$$

Zusammen ergibt das – Trommelwirbel, bitte – das **totale Differenzial:**

$$df = \frac{\partial f}{\partial x}\, dx + \frac{\partial f}{\partial y}\, dy.$$

Verallgemeinern wir unser feines Messwerk über n unabhängige Stellschrauben $x_1, \ldots, x_n$, so summiert sich jeder infinitesimale Dreh in entspannter Linearität[8]:

$$df = \sum_{i=1}^{n} \frac{\partial f}{\partial x_i}\, dx_i.$$

Anschaulich ist df schlicht das, was Ihr „f-Sensor" bei einem mikroskopisch kleinen Schritt von einem Punkt zum nächsten misst.

---

[8] Man kann hier auch von einer **Superposition** sprechen.

... Nabla und Co. in kartesischen Koordinaten berechnen
Zuerst sei in der folgenden Art

$$\nabla = \begin{pmatrix} \partial_1 \\ \vdots \\ \partial_n \end{pmatrix}$$

der sogenannte Nabla-Operator ∇ verabredet.[9]

Versteht man den Nabla-Operator als Vektor, dann kann man ihn auf Skalarfelder und Vektorfelder anwenden. Mit den Anwendungsmöglichkeiten, die wir bei Vektoren bereits gesehen haben (zum Beispiel Skalarprodukt und Kreuzprodukt), können wir nun auch Nabla verwenden und definieren damit drei wesentliche Operatoren: den Gradient, die Divergenz und die Rotation.[10]

Gradient Den Gradient eines Skalarfeldes (bzw. einer skalaren Funktion) definieren wir als

$$\operatorname{grad} f(r) := \nabla f(r) = \begin{pmatrix} \partial_1 f(r) \\ \partial_2 f(r) \\ \vdots \\ \partial_n f(r) \end{pmatrix} \tag{2.28}$$

$$= \partial_1 f(r)\, e_1 + \partial_2 f(r)\, e_2 + \cdots + \partial_n f(r)\, e_n. \tag{2.29}$$

Wichtig ist, dass das letzte Gleichheitszeichen nicht bedeutet, dass die Komponenten einfach aufaddiert werden! Die Basisdarstellung wird hier ausschließlich genutzt, um nachfolgend den Gradienten auch in anderen Koordinaten zu definieren. Das ergibt Sinn, wenn man sich an die Rechenregeln von Vektoren erinnert und feststellt, dass man Zahlen in einen Vektor hineinziehen kann.

Divergenz Die Divergenz eines Vektorfeldes (bzw. einer vektorwertigen Funktion) definieren wir als

$$\operatorname{div} \vec{v} := \nabla \cdot \vec{v} = \frac{\partial v_x}{\partial x} + \frac{\partial v_y}{\partial y} + \frac{\partial v_z}{\partial z}. \tag{2.30}$$

---

[9] Aus verschiedenen Gründen kann man an dieser Stelle auf einen Vektorpfeil verzichten, man kann ihn aber auch setzen; für eine Diskussion sei auf viele andere Standardwerke zur Einführung in die Vektoranalysis verwiesen.

[10] An dieser Stelle muss ich noch einmal darauf hinweisen, dass diese Art, diese Operatoren einzuführen, aus mathematischer Sicht zum Teil zu Problemen führen kann, wenn man es darauf anlegt. Da sie allerdings hier ausschließlich zum Kennenlernen und anwendungsbezogenen Rechnen verwendet werden sollen, ist diese Art für einen ersten Zugang ausreichend.

Beachten Sie bitte, dass hier tatsächlich eine Summe steht! Auch dies ergibt aus den Rechenregeln der Vektoren Sinn, weil wir hier Nabla mit einem Skalarprodukt auf das Vektorfeld anwenden.

Rotation (Rotor) Die Rotation (manchmal auch *Rotor*) eines Vektorfeldes definieren wir als

$$\operatorname{rot}\vec{F} := \nabla \times \vec{F} \tag{2.31}$$

$$= \begin{pmatrix} \partial_y F_z - \partial_z F_y \\ \partial_z F_x - \partial_x F_z \\ \partial_x F_y - \partial_y F_x \end{pmatrix}. \tag{2.32}$$

Beachten Sie bitte, dass man den Vektor nach dem zweiten Gleichheitszeichen nicht auswendig lernen muss, weil hier das bereits aus den Grundlagen bekannte Kreuzprodukt angewendet wird.

… Nabla und Co. in anderen Koordinaten berechnen
Im Kontext verschiedener Koordinatensysteme, die bereits dargestellt wurden (in 2D: kartesisch und Polarkoordinaten, in 3D: kartesisch, Zylinder- und Kugelkoordinaten), und der damit verbundenen Transformation von Vektoren ist es naheliegend, dass sich auch die Berechnung etwa der Divergenz ändert.

Die folgenden Ausdrücke geben die Standarddarstellungen der Vektoroperatoren Gradient, Divergenz und Rotation in drei häufig verwendeten Koordinatensystemen an. Es wurde hier ausnahmsweise in Basisvektorform $\vec{e}_i$ geschrieben.

Am Ende geht es ausschließlich darum, zu verstehen, wie man diese Gleichungen anwendet. Für Lesende, die an einer Herleitung interessiert sind, sei auf weiterführende Literatur verwiesen.

1. Kartesische Koordinaten (x, y, z)

Gradient:

$$\nabla f = \frac{\partial f}{\partial x}\,\vec{e}_x + \frac{\partial f}{\partial y}\,\vec{e}_y + \frac{\partial f}{\partial z}\,\vec{e}_z.$$

Divergenz: Für $\vec{F} = \begin{pmatrix} F_x \\ F_y \\ F_z \end{pmatrix}$ gilt:

$$\nabla \cdot \vec{F} = \frac{\partial F_x}{\partial x} + \frac{\partial F_y}{\partial y} + \frac{\partial F_z}{\partial z}.$$

Rotation (Rotor):

$$\nabla \times \vec{F} = \left(\partial_y F_z - \partial_z F_y\right)\vec{e}_x + \left(\partial_z F_x - \partial_x F_z\right)\vec{e}_y + \left(\partial_x F_y - \partial_y F_x\right)\vec{e}_z.$$

2. Zylindrische Koordinaten (ρ, φ, z)

Gradient:

$$\nabla f = \frac{\partial f}{\partial \rho}\,\vec{e}_\rho + \frac{1}{\rho}\frac{\partial f}{\partial \varphi}\,\vec{e}_\varphi + \frac{\partial f}{\partial z}\,\vec{e}_z.$$

Divergenz: Für $\vec{F} = \begin{pmatrix} F_\rho \\ F_\varphi \\ F_z \end{pmatrix}$ gilt:

$$\nabla \cdot \vec{F} = \frac{1}{\rho}\frac{\partial}{\partial \rho}(\rho F_\rho) + \frac{1}{\rho}\frac{\partial F_\varphi}{\partial \varphi} + \frac{\partial F_z}{\partial z}.$$

Rotation (Rotor):

$$\nabla \times \vec{F} = \left(\tfrac{1}{\rho}\partial_\varphi F_z - \partial_z F_\varphi\right)\vec{e}_\rho$$
$$+ \left(\partial_z F_\rho - \partial_\rho F_z\right)\vec{e}_\varphi$$
$$+ \left(\tfrac{1}{\rho}\partial_\rho(\rho F_\varphi) - \tfrac{1}{\rho}\partial_\varphi F_\rho\right)\vec{e}_z.$$

3. Kugelkoordinaten (r, ϑ, φ)

Gradient:

$$\nabla f = \frac{\partial f}{\partial r}\,\vec{e}_r + \frac{1}{r}\frac{\partial f}{\partial \vartheta}\,\vec{e}_\vartheta + \frac{1}{r\sin\vartheta}\frac{\partial f}{\partial \varphi}\,\vec{e}_\varphi.$$

Divergenz: Für $\vec{F} = \begin{pmatrix} F_r \\ F_\vartheta \\ F_\varphi \end{pmatrix}$ gilt:

$$\nabla \cdot \vec{F} = \frac{1}{r^2}\frac{\partial}{\partial r}(r^2 F_r) + \frac{1}{r\sin\vartheta}\frac{\partial}{\partial \vartheta}(\sin\vartheta\, F_\vartheta) + \frac{1}{r\sin\vartheta}\frac{\partial F_\varphi}{\partial \varphi}.$$

Rotation (Rotor):

$$\nabla \times \vec{F} = \frac{1}{r \sin \vartheta} \left(\partial_\vartheta (\sin \vartheta \, F_\varphi) - \partial_\varphi F_\vartheta \right) \vec{e}_r$$
$$+ \frac{1}{r} \left(\frac{1}{\sin \vartheta} \partial_\varphi F_r - \partial_r (r \, F_\varphi) \right) \vec{e}_\vartheta$$
$$+ \frac{1}{r} \left(\partial_r (r \, F_\vartheta) - \partial_\vartheta F_r \right) \vec{e}_\varphi.$$

... normierte Richtungsableitung berechnen

Unter dem Bruchzeichen $\frac{\partial f}{\partial \vec{v}}$ versteht man die Ableitung von f in Richtung des Vektors $\vec{v}$. Anschaulich entspricht dies der Steigung der Funktion, wenn man einen Schritt in Richtung $\vec{v}$ macht. Wir definieren die normierte Richtungsableitung als

$$\frac{\partial f}{\partial \vec{v}} = \nabla f \cdot \frac{\vec{v}}{|\vec{v}|},$$

wobei der Gradient von f mit dem Einheitsvektor von $\vec{v}$ skalar multipliziert wird.

2.2.2 Aufgaben

Lösung der Aufgabenbeispiele

Aufgabenbeispiel 1 Gegeben sind drei Skalarfelder. Gesucht sind deren Niveaulinien, also die Kurven, auf denen $f(x, y) = c$ für verschiedene Konstanten c gilt.

1. $f(x, y) = x^2 + y^2$
   Niveaulinien: $x^2 + y^2 = c$ $\Rightarrow$ Kreise mit Radius $\sqrt{c}$ um den Ursprung.
2. $f(x, y) = 4x^2 + \frac{1}{4}y^2$
   Niveaulinien: $4x^2 + \frac{1}{4}y^2 = c$ $\Rightarrow$ Ellipsen mit Halbachsen $\sqrt{c}/2$ in x- und $2\sqrt{c}$ in y-Richtung.
3. $f(x, y) = x^2 y - e^{-y}$
   Implizite Niveaulinien: $x^2 y - e^{-y} = c$
   Diese Gleichung ist nicht explizit lösbar, aber man kann durch Fixieren von c und Zeichnen im x-y-Koordinatensystem qualitativ das Verhalten skizzieren[11].

---

[11] Hier ist man vielleicht etwas echauffiert, dass es kein richtig oder falsch gibt. So ist die Physik aber manchmal auch. Bitte hier vermerken, dass nicht immer jedes Skalarfeld explizit gelöst werden kann. Dann muss man zu technischen Geräten greifen und schauen, ob diese vielleicht behilflich sein können.

Aufgabenbeispiel 2 Gegeben ist:

$$f(x, y) = \cos(x - y^2) + \ln(x^2) - 4x^3.$$

Wir berechnen die gemischten partiellen Ableitungen:

$$\partial_x f(x, y) = -\sin(x - y^2) + \frac{1}{x} - 12x^2,$$

$$\partial_{xy} f(x, y) = -\cos(x - y^2) \cdot (-2y) = 2y \cos(x - y^2),$$

$$\partial_y f(x, y) = \sin(x - y^2) \cdot 2y,$$

$$\partial_{yx} f(x, y) = \frac{\mathrm{d}}{\mathrm{d}x} \left[2y \sin(x - y^2) \right] = 2y \cos(x - y^2).$$

Ergebnis: $\partial_{xy} f(x, y) = \partial_{yx} f(x, y) \quad \Rightarrow$ Der sogenannte Satz von Schwarz gilt.

Aufgabenbeispiel 3

- $A(x, y, z) = \sin(x) + \cos^2(2y) - xy \cdot e^{xy}$
  Typ: Skalarfeld
  Gradient:

$$\nabla A = \left(\cos(x) - y e^{xy} - xy^2 e^{xy}, \; -4\cos(2y)\sin(2y) - xe^{xy} - x^2 y e^{xy}, \; 0 \right).$$

  Bemerkung: Da es ein Skalarfeld ist, ist $\mathrm{div}(A)$ und $\mathrm{rot}(A)$ nicht definiert.
- $\vec{B}(x, y) = (-y, x)$
  Typ: Vektorfeld (2D)
  Divergenz:

$$\nabla \cdot \vec{B} = \frac{\partial(-y)}{\partial x} + \frac{\partial x}{\partial y} = 0 + 0 = 0.$$

Rotation (im 2D-Fall als Skalar): Achtung Sonderfall! Hier genau hinschauen, man muss eine dritte Komponente „erfinden", weil das Kreuzprodukt nur in 3D funktioniert:

$$\nabla \times \vec{B} = \begin{pmatrix} \frac{\partial}{\partial y}(0) - \frac{\partial}{\partial z}(x) \\ \frac{\partial}{\partial z}(-y) - \frac{\partial}{\partial x}(0) \\ \frac{\partial}{\partial x}(x) - \frac{\partial}{\partial y}(-y) \end{pmatrix} = \begin{pmatrix} 0 - 0 \\ 0 - 0 \\ 1 - (-1) \end{pmatrix} = \begin{pmatrix} 0 \\ 0 \\ 2 \end{pmatrix}.$$

- $\vec{C}(x, y, z) = \left(10(y - x), \; 28x - y - xz, \; -8z^2 \right)$
  Typ: Vektorfeld (3D)

Divergenz:

$$\nabla \cdot \vec{C} = \frac{\partial}{\partial x}[10(y - x)] + \frac{\partial}{\partial y}[28x - y - xz] + \frac{\partial}{\partial z}[-8z^2]$$

$$= -10 - 1 - 16z = -11 - 16z.$$

Rotation:

$$\nabla \times \vec{C} = \begin{pmatrix} \frac{\partial}{\partial y}(-8z^2) - \frac{\partial}{\partial z}(28x - y - xz) \\ \frac{\partial}{\partial z}[10(y - x)] - \frac{\partial}{\partial x}(-8z^2) \\ \frac{\partial}{\partial x}(28x - y - xz) - \frac{\partial}{\partial y}[10(y - x)] \end{pmatrix}$$

$$= \begin{pmatrix} 0 - (-x) \\ 0 - 0 \\ 28 - 0 - z - 10 \end{pmatrix} = \begin{pmatrix} x \\ 0 \\ 18 - z \end{pmatrix}. \quad \blacktriangleleft$$

Aufgabenteil 1

Aufgabe 1.1 Betrachten Sie das Vektorfeld $\vec{H}$ in Zylinderkoordinaten (ρ, φ, z) notiert:

$$\vec{H}(\rho, \varphi, z) = \frac{I}{2\pi\rho}\vec{e}_\varphi.$$

- Wie lautet $\vec{H}$ in kartesischen Koordinaten?
- Berechnen Sie $\nabla \times \vec{H}$.
- Was könnte die Bedeutung von $\vec{H}$ sein? Stichwort Elektrodynamik.

Aufgabe 1.2 Gegeben sei das Potenzial in kartesischen Koordinaten

$$\phi(x, y, z) = z^2 - \frac{1}{2}(x^2 + y^2).$$

- Man bestimme

$$\vec{E}(x, y, z) = -\mathrm{grad}\phi(x, y, z).$$

- Man bestimme weiterhin

$$\mathrm{div}\vec{E}$$

und damit ρ, wenn gilt

$$\mathrm{div}\vec{E} = \frac{1}{\epsilon_0}\rho.$$

- Transformieren Sie $\phi(x, y, z)$ nun in Zylinder- und Kugelkoordinaten, dann genannt $\phi(\rho, \varphi, z)$ und $\phi(r, \varphi, \vartheta)$.
- Berechnen Sie nun $\vec{E}$ in Zylinder- und Kugelkoordinaten.

Aufgabe 1.3 Zeigen Sie durch explizites Nachrechnen von allgemeinen Feldern, dass gilt:

$$\mathrm{div}(\mathrm{rot}\,\vec{F}) = 0$$

und

$$\mathrm{rot}(\mathrm{grad}\,\phi) = 0. \quad \blacktriangleleft$$

Aufgabenteil 2

Aufgabe 2.1 Man zeige (mit $\vec{x} = (x, y, z)$ und $\vec{x}'$ irgendein anderer Vektor):

$$\nabla \frac{1}{|\vec{x} - \vec{x}'|} = -\frac{\vec{x} - \vec{x}'}{|\vec{x} - \vec{x}'|^3}.$$

Aufgabe 2.2 Wir definieren den sogenannten Laplace-Operator $\Delta = \nabla^2$. Bestimmen Sie sein Aussehen in kartesischen Koordinaten unter dem Wissen, dass die folgende Vektoridentität gilt[12]:

$$\mathrm{rot}(\mathrm{rot}\,\vec{F}) = \nabla(\nabla \cdot \vec{F}) - \Delta\vec{F}. \quad \blacktriangleleft$$

2.3 Mehrfachintegrale

Viele physikalische Fragestellungen erfordern es, über ausgedehnte Bereiche des Raumes zu integrieren. Ob es darum geht, die Masse eines Körpers mit variabler Dichte, die Gesamtladung in einem Volumen oder die Energieverteilung in einem Feld zu berechnen – in all diesen Fällen sind Mehrfachintegrale das geeignete mathematische Werkzeug.

Mehrfachintegrale ermöglichen die Integration über Flächen und Volumina, wobei unterschiedliche Koordinatensysteme aufgrund zugrunde liegender Symmetrien eine entscheidende Rolle spielen. Die Wahl des Integrationsbereichs und die korrekte Transformation der Koordinaten sind für eine effiziente Lösung solcher Aufgaben unerlässlich.

In diesem Kapitel stellen wir die Grundlagen der doppelten und dreifachen Integration vor, einschließlich der Umrechnung in zylindrische und sphärische Koordinaten.

Konkret schauen wir uns erst einmal Rechenbeispiele, wie die folgenden an:

Beispiel

Aufgabenbeispiel 1 Betrachten Sie folgendes Doppelintegral:

$$\int_{1}^{3} \int_{0}^{\pi \frac{y}{2}} \cos\left(\frac{x}{y}\right) dx\,dy.$$

---

[12] Foreshadowing: Es ist der Operator, der die doppelten partiellen Ableitungen umfasst.

1. Beschreiben oder skizzieren Sie die Fläche, über die integriert wird.

2. Berechnen Sie das Integral, indem Sie zunächst die innere Integration (über x) und dann die äußere Integration (über y) ausführen.

Aufgabenbeispiel 2

Berechnen Sie die Teilfläche eines Kreises mit Radius R.

1. zwischen der Kurve $y(x) = \sqrt{R^2 - x^2}$ und der positiven x-Achse, ausgedrückt in Kartesischen Koordinaten, mit den Flächenelementen $\mathrm{d}A = \mathrm{d}x\mathrm{d}y$,

2. eingeschlossen vom Kreis und der positiven x- und der positiven y-Achse, ausgedrückt in Polarkoordinaten mit den Flächenelementen $\mathrm{d}A = r\mathrm{d}\varphi\mathrm{d}r$.
   (Hinweis: Überlegen Sie sich, welche Figur entsteht und legen Sie damit die Grenzen der Integration fest.)

Aufgabenbeispiel 3

1. Leiten Sie das Volumen einer Kugel mit Radius R her. Gehen Sie dabei wie folgt vor:

   1) Wählen Sie zuerst entsprechend der Symmetrie der Kugel ein Koordinatensystem.
   2) Schreiben Sie das Integral auf und legen Sie die Grenzen fest.
   3) Führen Sie die Integration aus.

2. Berechnen Sie das Volumen eines geraden Kreiskegels bzgl. seiner Symmetrieachse bei konstanter Massendichte ρ. (Es gilt dabei: Zylinderkoordinaten; $0 \leq r \leq \frac{R}{H}z$, $0 \leq \varphi \leq 2\pi, 0 \leq z \leq H$) ◄

2.3.1 How to …

… Doppelintegrale berechnen

Doppelintegrale „messen" das Gesamtvolumen, indem eine Funktion $f(x, y)$ als Decke über einer Grundfläche $A \subset \mathbb{R}^2$ liegt. Mathematisch schreibt man:

$$\iint_A f(x, y)\,\mathrm{d}A = \int_{x_0}^{x_1} \left(\int_{y_0(x)}^{y_1(x)} f(x, y)\,\mathrm{d}y \right) \mathrm{d}x = \int_{y_0}^{y_1} \left(\int_{x_0(y)}^{x_1(y)} f(x, y)\,\mathrm{d}x \right) \mathrm{d}y.$$

Hierbei beschreiben:

- $x_0 \leq x \leq x_1$ und $y_0(x) \leq y \leq y_1(x)$ die Integrationsgrenzen in x-Richtung und abhängig von x in y-Richtung,
- umgekehrt $y_0 \leq y \leq y_1$ und $x_0(y) \leq x \leq x_1(y)$,
- das Flächenelement $\mathrm{d}A = \mathrm{d}x\,\mathrm{d}y$ das infinitesimale Rechteck im Rastersystem.

Beispiel in Einzelschritten (Lasagne) Betrachten wir eine rechteckige Lasagneform der Breite W und Länge L. Die Funktion $f(x, y)$ gibt an jeder Stelle (x, y) die Soßenhöhe über dem Nudelboden an. Das Gesamtvolumen der Soße bestimmt sich durch

$$V = \iint_A f(x, y)\,\mathrm{d}A, \quad A = [0, L] \times [0, W].$$

Oder ausgeschrieben in x- und y-Richtung:

$$V = \iint_A f(x, y)\,\mathrm{d}A = \int_{x=0}^{L} \left(\int_{y=0}^{W} f(x, y)\,\mathrm{d}y \right) \mathrm{d}x.$$

Wir werten dies in zwei Schritten aus:

1. *Inneres Integral:* Für jeden festen x integrieren wir die Soßenhöhe entlang der Breite:

$$g(x) = \int_{y=0}^{W} f(x, y)\,\mathrm{d}y.$$

2. *Äußeres Integral:* Die so gewonnenen Säulenvolumina $g(x)$ summieren wir entlang der Länge:

$$V = \int_{x=0}^{L} g(x)\,\mathrm{d}x.$$

Möchte man die Reihenfolge tauschen, schreibt man direkt:

$$V = \int_{y=0}^{W} \left(\int_{x=0}^{L} f(x, y)\,\mathrm{d}x \right) \mathrm{d}y$$

und interpretiert zuerst die Summierung der Soße längs der Nudelrichtung bei fester Schichthöhe, dann deren Aufaddierung über alle Schichten.

Sonderfall: Flächeninhalt mit $f(x, y) = 1$. Setzt man $f(x, y) = 1$, so summiert das Doppelintegral alle Flächenelemente im Gebiet A:

$$A = \iint_A 1\,\mathrm{d}A = \iint_A \mathrm{d}A = \text{Fläche}.$$

In der Lasagnemetapher entspricht dies dem Zählen aller kleinen Soßentaschen mit einer konstanten Höhe von Eins: Man misst einfach die Grundfläche und multipliziert mit 1 – so bestimmt man hier die Fläche.

▶ **Grenzen tauschen am Beispiel** Wir betrachten das Integral

$$I = \int_{x=1}^{2} \int_{y=0}^{4-2x} f(x, y) \, \mathrm{d}y \, \mathrm{d}x$$

und möchten die Integrationsreihenfolge tauschen vor dem Berechnen. Dazu gehen wir immer wie folgt vor:

1. **Ausgangsgrenzen festlegen** Die inneren Grenzen hängen von x ab:

$$y_{\min}(x) = 0, \quad y_{\max}(x) = 4 - 2x,$$

   während x zwischen 1 und 2 läuft.

2. **Umkehrfunktion finden** Wir lösen die obere Grenze nach x auf:

$$y = 4 - 2x \quad \Longrightarrow \quad x = \frac{4 - y}{2}.$$

   Damit haben wir x als Funktion von y.

3. **Neue Grenzen für y bestimmen** Ursprünglich läuft x von 1 bis 2, und y von 0 bis $4 - 2x$. Umgekehrt müssen wir y so wählen, dass $x = (4 - y)/2$ zwischen 1 und 2 liegt[13]:

$$1 \le \frac{4 - y}{2} \le 2, \quad \text{also umgeformt} \quad 0 \le y \le 2.$$

4. **Integral in umgekehrter Reihenfolge aufschreiben** Nun integrieren wir zuerst über x für jedes feste y, dann über y:

$$I = \int_{y=0}^{2} \int_{x=\frac{4-y}{2}}^{2} f(x, y) \, \mathrm{d}x \, \mathrm{d}y.$$

Damit haben wir systematisch die Integrationsreihenfolge getauscht: Zuerst Umkehrfunktion berechnen, dann die neuen Integrationsgrenzen einsetzen, schließlich das vertauschte Integral formulieren.

---

[13] Bei Misstrauen bitte sofort Stift rausnehmen und nachrechnen in einzelnen Schritten!

... Doppelintegrale in Polarkoordinaten berechnen

Im vorherigen Abschnitt haben wir uns erneut in die Weiten der kartesischen Tiefebenen (alias (x, y)) verirrt, obwohl wir längst wussten, dass dort niemand auf einer Sinus- und Cosinus-Diät ist. Ich möchte nun demonstrieren, wie man ein Doppelintegral in die etwas eleganter wirkenden Polarkoordinaten überführt[14].

1. Umwandlung der Koordinaten Die Brücke von (x, y) nach (r, θ) schlägt man mit

$$x = r \cos\theta, \qquad\qquad y = r \sin\theta.$$

Merke: r ist der Abstand zum Ursprung, und θ der Winkel zur positiven x-Achse.

2. Jacobi-Matrix Der eleganteste Weg, die Flächenverzerrung zu verstehen, ist über die Jacobi-Matrix[15] der partiellen Ableitungen:

$$J = \left| \frac{\partial(x, y)}{\partial(r, \varphi)} \right| = \begin{pmatrix} \partial_r x & \partial_\theta x \\ \partial_r y & \partial_\theta y \end{pmatrix}.$$

Berechnen wir also:

$$\frac{\partial x}{\partial r} = \cos\theta, \qquad\qquad \frac{\partial x}{\partial \theta} = -r \sin\theta,$$

$$\frac{\partial y}{\partial r} = \sin\theta, \qquad\qquad \frac{\partial y}{\partial \theta} = r \cos\theta.$$

Somit

$$J = \begin{pmatrix} \cos\theta & -r \sin\theta \\ \sin\theta & r \cos\theta \end{pmatrix}.$$

3. Determinante der Jacobi-Matrix Die Determinante zeigt uns, wie das kleine Flächenelement gestreckt oder gestaucht wird – und Spoiler: es ist simpel:[16]

$$\det J = \cos\theta \cdot (r \cos\theta) - (-r \sin\theta) \cdot \sin\theta$$
$$= r(\cos^2\theta + \sin^2\theta) = r.$$

---

[14] Wer mit elliptischen Koordinaten (z. B. $x = a \cos\theta$, $y = b \sin\theta$) jonglieren muss oder darf, kann genau so verfahren – nur dass Sie danach dringend Dehnübungen für Ihr Gehirn einplanen sollten.

[15] Die zweite Bezeichnung ist eher üblich als das J und ist wie eine Vokabel zu verstehen, also einfach hinnehmen und erinnern.

[16] Hinweis! Wir haben uns das noch nicht klar gemacht, deshalb erstmal als Definition: $\sin^2 + \cos^2 =, 1$, wenn Sinus und Cosinus von der gleichen Variablen abhängen. Für eine etwas nähere Erklärung, siehe das Kapitel zu komplexen Zahlen!

4. Umsetzung im Integral Dank dieser Entdeckung darf man das Flächenelement $\mathrm{d}x\,\mathrm{d}y$ ganz formlos gegen $r\,\mathrm{d}r\,\mathrm{d}\theta$ austauschen; das Doppelintegral liest sich also

$$\iint_A f(x, y)\,\mathrm{d}A = \iint_A f(r, \theta)\,r\,\mathrm{d}r\,\mathrm{d}\theta,$$

wobei die Integrationsgrenzen selbstverständlich dem jeweiligen Gebiet A angepasst werden müssen.[17]

▸   **5. Merkhilfe** Bleibt als Faustregel: In 2D gilt stets

$$\mathrm{d}A = \mathrm{d}x\,\mathrm{d}y = r\,\mathrm{d}r\,\mathrm{d}\theta.$$

Wer das verinnerlicht hat, kann sich den nächsten Kaffee schon mal gönnen – und dabei überlegen, wie es denn nun elliptisch aussehen wird.

… Dreifachintegrale in kartesischen Koordinaten berechnen
Nach den Mühen mit Doppelintegralen in der Ebene wagen wir uns jetzt ins Reich der dritten Dimension – ohne Gummistiefel, dafür aber mit Integralen! Wie gewohnt definieren wir das Volumen V im $\mathbb{R}^3$ über ein kartesisches Dreifachintegral:

$$\int_V f\,\mathrm{d}V = \int_{z_0}^{z_1} \int_{y_0(z)}^{y_1(z)} \int_{x_0(y,z)}^{x_1(y,z)} f(x, y, z)\,\mathrm{d}x\,\mathrm{d}y\,\mathrm{d}z, \tag{2.33}$$

wobei die Integrationsreihenfolge wieder so flexibel ist wie ein Tänzer im Ballett. Und natürlich gilt auch hier: Wenn Sie das Volumen selbst berechnen möchten, setzen Sie $f = 1$:

$$V = \int_V 1\,\mathrm{d}V = \int_V \mathrm{d}V. \tag{2.34}$$

… Dreifachintegrale in Zylinder- und Kugelkoordinaten berechnen
Analog zu den 2D-Koordinatentricks führen wir Dreifachintegrale in Systemen ein, die unseren Geometrieproblemen besser in den Kram passen – sei es der Zylinder oder die gute alte Kugel.

---

[17] Siehe Polarkoordinaten im Kapitel zu Koordinatensystemen, 2.1.

Zylinderkoordinaten Verwendete Variablen: (ρ, φ, z). Die kartesische Kopplung:

$$x = \rho \cos\varphi, \quad y = \rho \sin\varphi, \quad z = z.$$

Die Jacobi-Determinante.[18] lässt sich rasch als

$$\left| \frac{\partial(x, y, z)}{\partial(\rho, \varphi, z)} \right| = \rho$$

berechnen.

Merke: Jeder Zylinderstapel im Integral bekommt den Faktor ρ oben drauf:

$$\iiint_V f \, dV = \iiint f(\rho, \varphi, z) \, \rho \, d\rho \, d\varphi \, dz.$$

Kugelkoordinaten Jetzt wird's rund: Variablen (r, φ, ϑ), wobei φ der Azimutwinkel in der xy-Ebene und ϑ der Polarwinkel zum z-Achse ist:

$$x = r \sin\vartheta \cos\varphi, \quad y = r \sin\vartheta \sin\varphi, \quad z = r \cos\vartheta.$$

Die Determinante der Jacobi-Matrix ergibt sich ohne große Magie, sondern mit Nachrechenschweiß zu

$$\left| \frac{\partial(x, y, z)}{\partial(r, \varphi, \vartheta)} \right| = r^2 \sin\vartheta.$$

Merke: Im Kugelkoordinatenspiel taucht im Integral stets der charmante Faktor $r^2 \sin\vartheta$ auf:

$$\iiint_V f \, dV = \iiint f(r, \varphi, \vartheta) \, r^2 \sin\vartheta \, dr \, d\varphi \, d\vartheta.$$

Faustregel für Vielkoordinaten-Ninjas

$$dV = dx \, dy \, dz = \rho \, d\rho \, d\varphi \, dz = r^2 \sin\vartheta \, dr \, d\varphi \, d\vartheta.$$

Mit diesem Merksatz im Gepäck sind Sie für alle Mehrfachintegral-Abenteuer bestens gerüstet – sei es zur Berechnung des Volumens eines Donuts oder einer Kugel.

---

[18] Schauen Sie auch hierfür einmal in das Abschn. 2.7, um das noch einmal mit Stift und Papier zu prüfen.

2.3.2   Aufgaben

Aufgabenbeispiel 1 Gegeben ist das Doppelintegral:

$$\int\limits_{1}^{3} \int\limits_{0}^{\pi\frac{y}{2}} \cos\left(\frac{x}{y}\right) \, dx \, dy.$$

1. **Beschreibung der Fläche:** Das Integrationsgebiet D ist gegeben durch:

$$D = \left\{(x, y) \in \mathbb{R}^2 \mid 1 \leq y \leq 3, \ 0 \leq x \leq \frac{\pi y}{2}\right\}.$$

   Dies beschreibt einen Bereich unterhalb der Geraden $x = \frac{\pi y}{2}$ für $y \in [1, 3]$. Der Bereich ist ein gekrümmtes Trapez im ersten Quadranten[19].

2. **Berechnung des Doppelintegrals:**

   Zunächst integrieren wir über x:

$$\int_{0}^{\frac{\pi y}{2}} \cos\left(\frac{x}{y}\right) \, dx.$$

   Substitution: $u = \frac{x}{y} \Rightarrow x = uy, \ dx = y \, du$

$$= \int_{0}^{\frac{\pi}{2}} \cos(u) \cdot y \, du = y \int_{0}^{\frac{\pi}{2}} \cos(u) \, du = y \left[\sin(u)\right]_{0}^{\frac{\pi}{2}} = y \cdot (1 - 0) = y.$$

   Nun das äußere Integral:

$$\int_{1}^{3} y \, dy = \left[\frac{1}{2}y^2\right]_{1}^{3} = \frac{1}{2}(9 - 1) = \frac{8}{2} = 4.$$

Aufgabenbeispiel 2 Berechnung von Kreisflächenanteilen für einen Kreis mit Radius R.

1. **Kartesische Koordinaten:**

   Die Fläche unterhalb der Halbkreislinie $y = \sqrt{R^2 - x^2}$ über der x-Achse ergibt:

$$A = \int_{-R}^{R} \sqrt{R^2 - x^2} \, dx.$$

---

[19] Wer dies nicht glaubt, bitte einen Stift rausnehmen und losskizzieren und rumprobieren!

Dieser Ausdruck beschreibt die Fläche eines Halbkreises. Eine geeignete Substitution[20] wäre:

$$x = R \sin \varphi \Rightarrow \mathrm{d}x = R \cos \varphi \, \mathrm{d}\varphi, \quad \sqrt{R^2 - x^2} = R \cos \varphi.$$

Die Integrationsgrenzen ändern sich: $x = -R \Rightarrow \varphi = -\frac{\pi}{2}, \quad x = R \Rightarrow \varphi = \frac{\pi}{2}$

$$A = \int_{-\frac{\pi}{2}}^{\frac{\pi}{2}} R \cos \varphi \cdot R \cos \varphi \, \mathrm{d}\varphi = R^2 \int_{-\frac{\pi}{2}}^{\frac{\pi}{2}} \cos^2 \varphi \, \mathrm{d}\varphi.$$

Mit $\cos^2 \varphi = \frac{1}{2}(1 + \cos(2\varphi))$[21]:

$$A = R^2 \int_{-\frac{\pi}{2}}^{\frac{\pi}{2}} \frac{1}{2}(1 + \cos(2\varphi)) \, \mathrm{d}\varphi = \frac{R^2}{2} \left[\varphi + \frac{1}{2} \sin(2\varphi) \right]_{-\frac{\pi}{2}}^{\frac{\pi}{2}}.$$

Da $\sin(2\varphi)$ ungerade ist, ergibt sich:

$$A = \frac{R^2}{2} \cdot (\pi + 0) = \frac{\pi R^2}{2}.$$

2. **Polarkoordinaten:**
   Der Bereich, der vom Kreis und den positiven x- und y-Achsen eingeschlossen ist, entspricht dem Viertelkreis im ersten Quadranten. In Polarkoordinaten gilt:

$$A = \int_0^{\frac{\pi}{2}} \int_0^R r \, \mathrm{d}r \, \mathrm{d}\varphi.$$

Berechnung:

$$\int_0^{\frac{\pi}{2}} \left[\frac{1}{2} r^2 \right]_0^R \mathrm{d}\varphi = \int_0^{\frac{\pi}{2}} \frac{R^2}{2} \, \mathrm{d}\varphi = \frac{R^2}{2} \cdot \frac{\pi}{2} = \frac{\pi R^2}{4}.$$

1. **Volumen der Kugel**
   Wir verwenden Kugelkoordinaten. Das Volumenintegral über eine Kugel mit Radius R lautet:

$$V = \iiint_K \mathrm{d}V = \int_0^{2\pi} \int_0^{\pi} \int_0^R r^2 \sin \theta \, \mathrm{d}r \, \mathrm{d}\theta \, \mathrm{d}\varphi.$$

Integration nach r:

---

[20] An so einer Stelle denkt man meist daran, dass es vielleicht bessere Koordinaten gibt, mit denen man rechnen könnte …

[21] Okay, ich gebe zu – Hier wird man stutzig, wenn man es nicht schonmal gemacht hat. Hier muss man echt nachdenken, wenn man nicht substituiert und man erkennt wieder, dass die Rechnung in kartesischen Koordinaten vielleicht nicht ganz so optimal ist …

$$\int_0^R r^2\,\mathrm{d}r = \left[\frac{1}{3}r^3\right]_0^R = \frac{1}{3}R^3.$$

Integration nach θ:

$$\int_0^\pi \sin\theta\,\mathrm{d}\theta = \left[-\cos\theta\right]_0^\pi = 2.$$

Integration nach φ:

$$\int_0^{2\pi} \mathrm{d}\varphi = 2\pi.$$

Gesamtes Volumen:

$$V = \frac{1}{3}R^3 \cdot 2 \cdot 2\pi = \frac{4}{3}\pi R^3.$$

2. **Volumen des Kegels**

Wir verwenden Zylinderkoordinaten:

$$V = \iiint\limits_K \mathrm{d}V = \int_0^{2\pi}\int_0^R \int_0^{h\left(1-\frac{r}{R}\right)} r\,\mathrm{d}z\,\mathrm{d}r\,\mathrm{d}\varphi.$$

(Die obere Grenze für z ergibt sich aus der linearen Abnahme von z mit wachsendem r – Höhe h bei r = 0, Höhe 0 bei r = R.)

Integration nach z:

$$\int_0^{h\left(1-\frac{r}{R}\right)} r\,\mathrm{d}z = r \cdot h\left(1 - \frac{r}{R}\right).$$

Dann weiter:

$$\int_0^R rh\left(1 - \frac{r}{R}\right)\mathrm{d}r = h\int_0^R r\left(1 - \frac{r}{R}\right)\mathrm{d}r.$$

Ausmultiplizieren:

$$h\left(\int_0^R r\,\mathrm{d}r - \frac{1}{R}\int_0^R r^2\,\mathrm{d}r\right).$$

Einsetzen der bekannten Integrale:

$$h\left(\frac{1}{2}R^2 - \frac{1}{R}\cdot\frac{1}{3}R^3\right) = h\left(\frac{1}{2}R^2 - \frac{1}{3}R^2\right) = h\cdot\frac{1}{6}R^2.$$

Schließlich:

$$V = 2\pi\cdot\frac{1}{6}hR^2 = \frac{1}{3}\pi R^2 h. \ \blacktriangleleft$$

Aufgabenteil 1

Aufgabe 1.1 Berechnen Sie

$$\int_0^2 \int_0^{\pi/4} 4x^2 \cos(3y)\,\mathrm{d}y\mathrm{d}x.$$

Aufgabe 1.2 Beweisen Sie die folgende Integralidentität[22]:

$$\int_{-\infty}^{\infty} e^{-x^2}\,\mathrm{d}x = \sqrt{\pi}$$

und zeigen Sie damit allgemeiner

$$\int_{-\infty}^{\infty} e^{-a(x-b)^2}\,\mathrm{d}x = \sqrt{\frac{\pi}{a}}.$$

Aufgabe 1.3
Berechnen Sie

$$\int_0^\pi \int_0^{2\pi} \int_{r_1}^{\infty} \frac{p}{\gamma} e^{-\left(\frac{r-r_0}{p}\right)} r^2 \sin(\vartheta)\,\mathrm{d}r\,\mathrm{d}\varphi\,\mathrm{d}\vartheta. \quad \blacktriangleleft$$

Aufgabenteil 2

Aufgabe 2.1 Berechnen Sie das Volumen V und die Trägheitsmomente bzgl. der Achsen eines Ellipsoids E mit den Halbachsen a, b, c. Die Massendichte sei $\rho = 1$.
Hinweis: Nutzen Sie das folgende Koordinatensystem

$$\begin{aligned}
x &= ar\sin(\theta)\cos(\varphi), & 0 &\le r, \\
y &= br\sin(\theta)\sin(\varphi), & 0 &\le \varphi \le 2\pi, \\
z &= cr\cos(\theta), & 0 &\le \theta \le \pi.
\end{aligned}$$

Gehen Sie dabei wie folgt vor:

a) Bestimmen Sie zuerst die Jacobi-Determinante (Hinweis: 3×3-Matrix[23]).
b) Berechnen Sie dann das Volumen ($\int \int \int \mathrm{d}V$).
c) Berechnen Sie dann die Trägheitsmomente.

   i) $T_z = \int \int \int (x^2 + y^2)\mathrm{d}V$
   ii) Nutzen Sie die Symmetrie aus und geben Sie damit ohne Rechnung T_x und T_y an.

Aufgabe 2.2 Bestimmen Sie

$$\iint_A e^{x+y}\,\mathrm{d}A, \quad \text{mit} \quad A = [0,1] \times [2,4]. \quad \blacktriangleleft$$

---

[22] Tipp: Quadrieren und Polarkoordinaten; Das Integral lebt manchmal unter dem Decknamen „Gauß-Integral".
[23] Schauen Sie mal in die Berechnung einer Determinanten Abschn. 2.7.

2.4 Linien-/Arbeits- und Flussintegrale

In der Physik begegnen uns nicht nur Integrale über Flächen und Volumina – nein, manchmal wollen wir auch herausfinden, wie viel Arbeit ein Kraftfeld entlang einer geschwungenen Bahn verrichtet oder wie viel eines Feldes durch eine imaginäre Fläche „hindurchdrückt". Man könnte sagen, Linien- und Flussintegrale sind die akrobatischen Kunststücke der Integralrechnung: Sie erfordern etwas Geschick, halten aber mit atemberaubender Eleganz das physikalische Panorama zusammen.

Ein Linienintegral fragt danach, wie stark ein Vektorfeld $\vec{F}(\vec{r})$ einem Objekt entlang einer Kurve γ auf die Sprünge hilft (oder ihm Steine in den Weg legt). Mathematisch schreiben wir:

$$W = \int_{\gamma} \vec{F}(\vec{r}) \cdot \mathrm{d}\vec{r}.$$

Beispiel: Stellen Sie sich vor, Sie schieben eine Kiste entlang einer kurvigen Rampe γ durch ein Gravitationsfeld plus Reibung. Das Integral summiert dabei jede kleine Schubkraft entlang des Weges – wie eine Aufzeichnung Ihrer Muckis auf jeder Steigung.

Ein Flussintegral hingegen zählt, wie viele Feldlinien eines Vektorfeldes $\vec{F}$ durch eine Fläche A entkommen oder eintreten. Per Definition:

$$\Phi = \iint_{A} \vec{F} \cdot \vec{n}\, \mathrm{d}A,$$

wobei $\vec{n}$ der zur Oberfläche normale (also senkrechte) Vektor auf A ist. *Beispiel:* Beim Durchströmen einer Membran messen wir, wie viel Flüssigkeit pro Zeitspanne hindurchwandert – ähnlich wie die Wasserrechnung zu Hause und das ohne Mahngebühren. Dabei zählen wir dann nur den Anteil der Wassertropfen, der senkrecht durch die Membran hindurchfließt.

Beispiel

Aufgabenbeispiel 1 Gegeben sei die Raumkurve

$$\vec{r}(t) = \begin{pmatrix} \cos(t) \\ \sin(t) \\ t \end{pmatrix}, \quad t \in [0, 2\pi].$$

1. Skizzieren Sie qualitativ den Verlauf der Kurve. (Tipp: Denken Sie an eine Helix.)
2. Bestimmen Sie die Weglänge, die ein Teilchen entlang dieser Kurve zwischen $t = 0$ und $t = 2\pi$ zurücklegt.

Aufgabenbeispiel 2 Gegeben ist das Vektorfeld

$$\vec{F}(x, y) = \begin{pmatrix} y \\ x \end{pmatrix}$$

und die Kurve γ, die den Viertelkreis mit Radius 1 im ersten Quadranten beschreibt, also durch

$$\vec{r}(t) = \begin{pmatrix} \cos(t) \\ \sin(t) \end{pmatrix}, \quad t \in \left[0, \frac{\pi}{2}\right]$$

parametrisiert ist.
Berechnen Sie die Arbeit, die das Feld $\vec{F}$ entlang der Kurve γ verrichtet.

Aufgabenbeispiel 3 Berechnen Sie den Fluss des Vektorfeldes

$$\vec{F}(x, y, z) = \begin{pmatrix} x \\ y \\ z \end{pmatrix}$$

durch die obere Halbkugel mit Radius R und Mittelpunkt im Ursprung:

$$S = \left\{(x, y, z) \in \mathbb{R}^3 \,\middle|\, x^2 + y^2 + z^2 = R^2, \ z \geq 0\right\}.$$

Tipp: Verwenden Sie zur Berechnung geeignete Kugelkoordinaten. ◄

2.4.1 How to …

… Linienintegral im Skalarfeld berechnen

Worum geht's? Linienintegrale über Skalarfelder summieren eine feldabhängige Größe entlang eines Pfades auf – zum Beispiel die aufgenommene Hitze auf einem Spaziergang durch die Sahara (nicht empfohlen) oder die Anhäufung von Potenzial beim Klettern einen Hügel hoch (sehr empfohlen).

1. Orte Wir benötigen eine *Fahrplanbeschreibung* für unseren Weg:

$$\vec{r}(t) = \begin{pmatrix} x(t) \\ y(t) \\ z(t) \end{pmatrix}, \quad t \in [t_a, t_e].$$

Das ist nichts anderes als der Ort des Ausflugsteilnehmers als Funktion der Variable t.

2. Kurven Wer alle besuchten Orte sammeln will, schaut sich

$$\gamma = \{\vec{r}(t) \mid t \in [t_a, t_e]\}$$

an – die Kurve selbst, quasi unser Wanderweg auf der Landkarte.

3. Definition des Linienintegrals Angenommen, das Skalarfeld $f(\vec{r})$ beschreibt zum Beispiel eine Temperatur- oder Potenzialverteilung. Dann addiert

$$\int_{\gamma} f(\vec{r})\,\mathrm{d}r = \int_{t_a}^{t_e} f(\vec{r}(t))\,|\dot{\vec{r}}(t)|\,\mathrm{d}t$$

die Feldwerte gewichtet mit dem *Längenelement* entlang des Weges, genannt **Linienintegral**

Längenelement merken? Warum dieses $|\dot{\vec{r}}|$? Ganz einfach (und leicht mathematisch gewagt):

$$\mathrm{d}r = |\mathrm{d}\vec{r}| = \frac{|\mathrm{d}\vec{r}|}{|\mathrm{d}t|}\,|\mathrm{d}t| = |\dot{\vec{r}}(t)|\,\mathrm{d}t.$$

Hier wird gedreht und gewendet, bis es passt – und am Ende hält man das Längenknäuel in der Hand.

5. Schritt-für-Schritt-Anleitung zum Arbeiten mit Linienintegralen

1. **Kurve parametrisieren:** Tragen Sie Ihren Weg als $\vec{r}(t)$ ein.
2. **Feld evaluieren:** Ersetzen Sie $f(\vec{r})$ durch $f(\vec{r}(t))$.
3. **Geschwindigkeit bestimmen:** Berechnen Sie $\dot{\vec{r}}(t)$ und den Betrag $|\dot{\vec{r}}(t)|$.
4. **Integral aufbauen:** Schreiben Sie $\int_{t_a}^{t_e} f(\vec{r}(t))\,|\dot{\vec{r}}(t)|\,\mathrm{d}t$ auf.
5. **Rechnen und genießen:** Integrieren Sie über t. Voilà!

6. Beispiel (Halbkreis auf dem Teller) Sei $f(x,y) = x^2 + y^2$ – vielleicht Ihr Dessert-Potenzial – und der Pfad $\vec{r}(t) = (\cos t, \sin t)$ für $t \in [0, \pi]$. Dann:

$$f(\vec{r}(t)) = \cos^2 t + \sin^2 t = 1,$$
$$|\dot{\vec{r}}(t)| = \sqrt{(-\sin t)^2 + (\cos t)^2} = 1,$$

weil die trigonometrische Cliquenvereinigung $\cos^2 t + \sin^2 t = 1$. Somit

$$\int_0^{\pi} 1 \cdot 1 \,\mathrm{d}t = [t]_0^{\pi} = \pi,$$

die Länge des Halbkreises – mathematisch vorhersagbar, geschmacklich großartig.
Nice-to-know Möchte man die Strecke s entlang einer Kurve ausrechnen, kann man einfach $F(\vec{r}) = 1$ setzen und erhält die sogenannte **Weglänge:**

$$s = \int_{\gamma} \mathrm{d}s = \int_{t_0}^{t_1} |\dot{\vec{r}}(t)|\,\mathrm{dt} = \int_{t_0}^{t_1} \sqrt{\left(\frac{\mathrm{d}x}{\mathrm{dt}}(t)\right)^2 + \left(\frac{\mathrm{d}y}{\mathrm{dt}}(t)\right)^2 + \left(\frac{\mathrm{d}z}{\mathrm{dt}}(t)\right)^2}\,\mathrm{dt}. \qquad (2.35)$$

… Linienintegral im Vektorfeld berechnen

Worum geht's? Wenn nicht nur Temperaturen, sondern Kräfte im Spiel sind, müssen wir die Wirkung eines Vektorfelds entlang eines Pfades messen – z. B. die Arbeit, die eine elektrische Kraft auf eine Ladung verrichtet.

Definition Sei $\vec{F}(\vec{r})$ das Feld und γ unser Weg. Dann gilt:

$$\int_{\gamma} \vec{F} \cdot d\vec{r} = \int_{t_0}^{t_1} \vec{F}(\vec{r}(t)) \cdot \dot{\vec{r}}(t)\, dt.$$

Wir nehmen das Skalarprodukt mit dem Tangentenvektor, denn nur die Komponente *in Bewegungsrichtung* liefert wirklich Arbeit.

Kurzanleitung

1. Parametrisierung $\vec{r}(t)$ festlegen.
2. Feld bewerten: $\vec{F}(\vec{r}(t))$.
3. Tangentenvektor $\dot{\vec{r}}(t)$ bestimmen.
4. Skalarprodukt $\vec{F} \cdot \dot{\vec{r}}$ bilden.
5. Integral über t durchführen.

Tipp In den meisten Aufgaben schreibt man das direkt in Komponenten:

$$\int (F_x\, \dot{x} + F_y\, \dot{y} + F_z\, \dot{z})\, dt.$$

Beispiel (Wirbelspaziergang) Nehmen wir ein charmantes Wirbelfeld:

$$\vec{F}(x, y) = (-y, x),$$

und spazieren den Einheitskreis $x^2 + y^2 = 1$ gegen den Uhrzeigersinn:

$$\vec{r}(t) = (\cos t, \sin t), \quad t \in [0, 2\pi].$$

Dann:

$$\vec{F}(\vec{r}(t)) \cdot \dot{\vec{r}}(t) = (-\sin t, \cos t) \cdot (-\sin t, \cos t) = \sin^2 t + \cos^2 t = 1,$$

$$\int_{\gamma} \vec{F} \cdot d\vec{r} = \int_{0}^{2\pi} 1\, dt = 2\pi.$$

▶ **nice-to-know** Lässt sich der allseits geliebte Hauptsatz der eindimensionalen Analysis auch auf unsere schillernden Wegintegrale und damit auf 2D, 3D, ..., nD übertragen?

Rückblick eindimensional Im 1D-Fall steht fest:

$$\int_{x_0}^{x_1} f'(x)\,\mathrm{d}x = f(x_1) - f(x_0). \tag{2.36}$$

oder etwas näher an der Schule:

$$\int_{x_0}^{x_1} f(x)\,\mathrm{d}x = F(x_1) - F(x_0). \tag{2.37}$$

Kein Hokuspokus, sondern pure Analysis.

Gradientenfeld Stellen Sie sich vor, es existiert ein hübsches Skalarfeld $\phi(\vec{r})$, sodass

$$\vec{F}(\vec{r}) = \nabla\phi(\vec{r}).$$

Dann nennen wir $\vec{F}$ ein *Gradientenfeld* (oder kühn: ein *konservatives* Feld), und ϕ ist das *Potenzial* unseres Interesses. Falls Sie hier von dem auf dem Kopf stehenden Dreieck etwas verwirrt sind – schauen Sie nochmal im Kapitel zum Gradient und zu Feldern und Co. (siehe Abschn. 2.2) nach.

Folgerung für das Wegintegral Unter der Annahme, dass ϕ schön stetig differenzierbar ist, $\vec{F} = (F_x, F_y, F_z)$ und γ ein Pfad von $\vec{r}_0$ nach $\vec{r}_1$, entfaltet sich folgendes Schauspiel:

$$\int_{\gamma} \vec{F} \cdot \mathrm{d}\vec{r} = \int_{\gamma} (F_x\,\mathrm{d}x + F_y\,\mathrm{d}y + F_z\,\mathrm{d}z) \tag{2.38}$$

$$= \int_{\gamma} (\partial_x\phi\,\mathrm{d}x + \partial_y\phi\,\mathrm{d}y + \partial_z\phi\,\mathrm{d}z) \tag{2.39}$$

$$= \int_{\gamma} \mathrm{d}\phi \tag{2.40}$$

$$= \phi(\vec{r}_1) - \phi(\vec{r}_0). \tag{2.41}$$

Voilà! Unser Wegintegral löst sich in die Differenz zweier Potenzialwerte auf – so elegant wie eine Ballettdarbietung. Vor uns steht die mehrdimensionale Version des alten Bekannten „Stammfunktion an der oberen Grenze minus Stammfunktion an der unteren Grenze".

Wegunabhängigkeit Daraus folgt mit Schwung: Ist $\vec{F}$ konservativ, dann hängt das Integral nur noch von Start- und Zielpunkt ab, nicht aber vom drumherum.

Für zwei verschiedene Pfade γ_1, γ_2 zwischen denselben Endpunkten gilt also:

$$\int_{\gamma_1} \vec{F} \cdot d\vec{r} = \int_{\gamma_2} \vec{F} \cdot d\vec{r}.$$

Die Physik atmet auf: Kein Umweg kann mehr zu unerwarteten Überraschungen führen. Falls man auf Gleichungsästhetik steht, kann man das Ganze in einer edlen Kürze ausdrücken:

$$\oint_{\gamma} \vec{F} \cdot d\vec{r} = 0,$$

wobei γ jeder geschlossene Weg im Feld ist. Man stelle sich also vor, man nimmt einen Weg von Punkt A zu Punkte B und läuft auf einem irgendwie anderen Weg zurück zu Punkt A. Das ist dann ein geschlossener Weg.

... Flussintegral eines Vektorfeldes berechnen

Worum geht's? Flussintegrale messen, wie viel Feld „hindurchströmt" – denken Sie an Wasser, das durch ein Netz aus Stäben fließt, oder an elektrische Feldlinien, die durch eine geschlossene Oberfläche entweichen.

Allgemein Für eine orientierte Fläche A mit Normalenvektor $\vec{n}$ definieren wir:

$$\Phi = \iint_A \vec{F}(\vec{r}) \cdot \vec{n}\, dA = \iint_A \vec{F}(\vec{r}) \cdot d\vec{A}.$$

Hinweis Die letzte Gleichheit bedeutet, dass es zwei Schreibweisen gibt, nämlich so, dass der Normalenvektor $\vec{n}$ in der Gleichung explizit steht und so, dass er im $d\vec{A}$ versteckt ist als $d\vec{A} = \vec{n}\, dA$.

Parametrisierung Angenommen, A ist durch $(u, v) \in D$ gegeben:

$$\vec{r}(u, v) = (x(u, v), y(u, v), z(u, v)).$$

Dann sagt uns das Kreuzprodukt

$$d\vec{A} = \left(\frac{\partial \vec{r}}{\partial u} \times \frac{\partial \vec{r}}{\partial v} \right) du\, dv$$

genau, wie *viel* Fläche und in welche Richtung sie zeigt.

Formel Damit wird das Flussintegral zur handhabbaren Form

$$\Phi = \iint_D \vec{F}(\vec{r}(u, v)) \cdot \left(\frac{\partial \vec{r}}{\partial u} \times \frac{\partial \vec{r}}{\partial v} \right) du\, dv.$$

Beispiel für ein Flussintegral Sei

$$\vec{F}(x, y, z) = (x, 1, yz), \quad \vec{r}(u, v) = (u^2, u + v, v^2), \ 0 \le u, v \le 1.$$

1. Tangenten: $\partial_u \vec{r} = (2u, 1, 0)$, $\partial_v \vec{r} = (0, 1, 2v)$.
2. Normalenvektor: $(2u, 1, 0) \times (0, 1, 2v) = (2v, -4uv, 2u) = \vec{n} = \left(\frac{\partial \vec{r}}{\partial u} \times \frac{\partial \vec{r}}{\partial v} \right)$.
3. Feld auf Fläche: $\vec{F}(u^2, u + v, v^2) = (u^2, 1, (u + v)v^2)$.
4. Skalarprodukt: $\vec{F}(\vec{r}(u, v)) \cdot \left(\frac{\partial \vec{r}}{\partial u} \times \frac{\partial \vec{r}}{\partial v} \right) = 2u^2 v - 4uv + 2u(u + v)v^2$.
5. Integralaufbau:

$$\int_0^1 \int_0^1 (2u^2 v - 4uv + 2u^2 v^2 + 2uv^3)\, du\, dv = -\frac{7}{36}.$$

Fertig ist der Fluss! Keine Sorge, selbst wer beim ersten Mal stolpert, wird mit Übung bald den richtigen Dreh raushaben.

2.4.2 Aufgaben

Beispiel

Aufgabenbeispiel 1 Gegeben sei die Raumkurve

$$\vec{r}(t) = \begin{pmatrix} \cos(t) \\ \sin(t) \\ t \end{pmatrix}, \quad t \in [0, 2\pi].$$

1. **Skizze:** Die Kurve beschreibt eine Helix, die sich entlang der z-Achse aufwindet. In der xy-Ebene bewegt sich das Teilchen auf einem Kreis mit Radius 1, während der z-Wert linear mit t wächst.
2. **Weglänge berechnen:** Die Weglänge L einer Kurve $\vec{r}(t)$ im Intervall $[a, b]$ ist gegeben durch

$$L = \int_a^b \left| \frac{d\vec{r}}{dt} \right| dt.$$

Zunächst bestimmen wir die Ableitung:

$$\frac{d\vec{r}}{dt} = \begin{pmatrix} -\sin(t) \\ \cos(t) \\ 1 \end{pmatrix}.$$

Dann berechnen wir den Betrag:

$$\left| \frac{d\vec{r}}{dt} \right| = \sqrt{(-\sin(t))^2 + (\cos(t))^2 + 1^2} = \sqrt{\sin^2(t) + \cos^2(t) + 1} = \sqrt{2}.$$

Somit ist die Weglänge:

$$L = \int_0^{2\pi} \sqrt{2}\, dt = \sqrt{2} \cdot (2\pi - 0) = 2\pi\sqrt{2}.$$

Aufgabenbeispiel 2 Gegeben ist das Vektorfeld

$$\vec{F}(x, y) = \begin{pmatrix} y \\ x \end{pmatrix}$$

und die Kurve γ mit

$$\vec{r}(t) = \begin{pmatrix} \cos(t) \\ \sin(t) \end{pmatrix}, \quad t \in \left[0, \frac{\pi}{2}\right].$$

1. **Arbeit berechnen:** Die Arbeit, die das Feld $\vec{F}$ entlang der Kurve γ verrichtet, ist gegeben durch:

$$W = \int_\gamma \vec{F} \cdot d\vec{r} = \int_0^{\frac{\pi}{2}} \vec{F}(\vec{r}(t)) \cdot \vec{r}'(t)\, dt.$$

Wir berechnen die einzelnen Komponenten:

$$\vec{F}(\vec{r}(t)) = \begin{pmatrix} \sin(t) \\ \cos(t) \end{pmatrix}, \quad \vec{r}'(t) = \begin{pmatrix} -\sin(t) \\ \cos(t) \end{pmatrix}.$$

Das Skalarprodukt ergibt:

$$\vec{F}(\vec{r}(t)) \cdot \vec{r}'(t) = \sin(t) \cdot (-\sin(t)) + \cos(t) \cdot \cos(t) = -\sin^2(t) + \cos^2(t).$$

Daraus ergibt sich:

$$W = \int_0^{\frac{\pi}{2}} \left(-\sin^2(t) + \cos^2(t) \right) dt = \int_0^{\frac{\pi}{2}} \cos(2t)\, dt,$$

da $\cos(2t) = \cos^2(t) - \sin^2(t)$[24]. Das Integral berechnet sich zu:

$$\int_0^{\frac{\pi}{2}} \cos(2t)\, dt = \left[\frac{1}{2}\sin(2t)\right]_0^{\frac{\pi}{2}} = \frac{1}{2}\left(\sin(\pi) - \sin(0)\right) = 0.$$

Ergebnis: Die Arbeit entlang dieser Kurve ist null[25].

Aufgabenbeispiel 3 Gegeben sei das Vektorfeld

$$\vec{F}(x, y, z) = \begin{pmatrix} x \\ y \\ z \end{pmatrix}$$

und die Fläche S, die durch die obere Halbkugel mit Radius $R = 1$ beschrieben wird:

$$x^2 + y^2 + z^2 = 1, \quad z \geq 0.$$

1. **Ziel:** Berechnen Sie den Fluss des Feldes $\vec{F}$ durch die Fläche S. Verwenden Sie hierzu Kugelkoordinaten.
2. **Lösung:** In Kugelkoordinaten gilt

$$x = r\sin\theta\cos\phi, \quad y = r\sin\theta\sin\phi, \quad z = r\cos\theta,$$

mit $r \in [0, 1]$, $\theta \in [0, \frac{\pi}{2}]$, $\phi \in [0, 2\pi]$.
Das Vektorfeld in Kugelkoordinaten:

$$\vec{F}(r, \theta, \phi) = \begin{pmatrix} r\sin\theta\cos\phi \\ r\sin\theta\sin\phi \\ r\cos\theta \end{pmatrix}.$$

Da der Radius $r = 1$ auf der Kugeloberfläche konstant ist, betrachten wir nur die Einheitskugel.
Das orientierte Flächenelement auf einer Kugeloberfläche ist:

$$d\vec{A} = \hat{n} \cdot dA = \vec{e}_r \cdot r^2 \sin\theta\, d\theta d\phi.$$

Für $r = 1$ gilt also:

$$d\vec{A} = \vec{e}_r \sin\theta\, d\theta d\phi.$$

Da $\vec{F} = \vec{r}$ auf der Kugeloberfläche ($|\vec{r}| = 1$), ist

---

[24] Das ist eine der weltbekannten „Doppelwinkelfunktionen". Schauen Sie da einfach mal im Internet. Die findet man und nutzt sie. Bitte für dieses Buch nicht herleiten oder auswendig lernen!

[25] Frage an die geneigten Lesenden: Ist das Feld vielleicht konservativ? Wie prüft man das? Tipp: Versuchen Sie eine Potenzialfunktion ϕ zu finden, die $\mathrm{grad}\phi = \vec{F}$ beherrscht.

$$\vec{F} \cdot \mathrm{d}\vec{A} = \vec{r} \cdot \vec{e}_r \sin\theta \, \mathrm{d}\theta \mathrm{d}\phi = \sin\theta \, \mathrm{d}\theta \mathrm{d}\phi.$$

Der Fluss durch die obere Halbkugel ist also:

$$\Phi = \iint_S \vec{F} \cdot \mathrm{d}\vec{A} = \int_0^{2\pi} \int_0^{\frac{\pi}{2}} \sin\theta \, \mathrm{d}\theta \mathrm{d}\phi.$$

Berechnung:

$$\int_0^{2\pi} \mathrm{d}\phi = 2\pi,$$

$$\int_0^{\frac{\pi}{2}} \sin\theta \, \mathrm{d}\theta = [-\cos\theta]_0^{\frac{\pi}{2}} = -\cos\left(\frac{\pi}{2}\right) + \cos(0) = 0 + 1 = 1.$$

Somit ergibt sich für den Fluss:

$$\Phi = 2\pi \cdot 1 = 2\pi. \quad \blacktriangleleft$$

Aufgabenteil 1

Aufgabe 1.1 Berechnen Sie $\int 2y\mathrm{d}x + 5x\mathrm{d}y$ für den direkten Weg von $(0, 0)$ nach $(2, 3)$ und einmal parallel zu den Koordinatenachsen (also $(0, 0) \to (2, 0) \to (2, 3)$, bzw. andersherum).

Aufgabe 1.2 Gegeben sei die Fläche $S = (e^u \cos v, e^u \sin v, 2e^u$ mit $0 \leq u \leq 1$ und $0 \leq v \leq \pi$ sowie das Feld $\vec{F} = (2, 1, z)$.

- Bestimmen Sie den Flächeninhalt mittels Flussintegral.
- Berechnen Sie das Flussintegral $\iint_S \vec{F} \cdot \mathrm{d}\vec{S}$.

Aufgabe 1.3 Berechnen Sie den Fluss des Vektorfeldes $\vec{F} = (x, y^2, z^3)$ durch die Sphäre $S : x^2 + y^2 + z^2 = 9$ nach außen. $\blacktriangleleft$

2.5 Komplexe Zahlen

In der Schulmathematik lernt man, dass Gleichungen wie

$$x^2 + 1 = 0$$

keine Lösung im Raum der reellen Zahlen besitzen, da das Quadrat jeder reellen Zahl nicht negativ sein kann. Durch die Einführung der imaginären Einheit i mit der Eigenschaft

$i^2 = -1$ erweitert man den Zahlenbereich zum Körper der komplexen Zahlen $\mathbb{C}$, wodurch sich das Rechnen mit bisher nicht darstellbaren Größen ermöglicht.

Komplexe Zahlen erweisen sich insbesondere in der Schwingungs- und Wellenphysik, der Elektrotechnik sowie in der Quantenmechanik als unverzichtbares Werkzeug, da sie Periodizität und Phasenbeziehungen auf elegante Weise abbilden. Die verschiedenen Darstellungsformen – kartesisch $z = x + iy$, polar $z = r\,e^{i\varphi}$ – erlauben nicht nur eine Vereinfachung algebraischer Rechenvorschriften, sondern eröffnen zudem geometrische Interpretationen von Rotation und Skalierung in der komplexen Ebene.

Dieses Kapitel führt systematisch in die elementaren Rechenmethoden mit komplexen Zahlen ein: Addition, Multiplikation, Division, Konjugation sowie den Übergang zwischen den unterschiedlichen Schreibweisen.

Beispiel

Aufgabenbeispiel 1 Es seien $z_0 = a + ib$, mit $a, b \in \mathbb{R}$, $z_1 = 2 - i$, $z_2 = 5 + 2i$ und $z_3 = -3i$ gegeben. Berechnen Sie die folgenden Ausdrücke und geben Sie das Ergebnis als Summe aus einem Real- und einem Imaginärteil an:

$$\frac{z_0}{z_0^*}, \qquad \frac{1 + z_0}{1 - z_0}, \qquad z_3(2z_2^* - 3z_1) + z_3^* - 3iz_1, \qquad \frac{z_1^* + 2z_2z_3 - iz_2}{2(z_2 - z_3^*)z_1}.$$

Aufgabenbeispiel 2 Bestimmen Sie den Betrag r und das Argument φ der folgenden komplexen Zahlen $z = re^{i\varphi}$:

$$z = 1 + i\sqrt{3}, \qquad z = 3\sqrt{3} - 3i, \qquad z = -\frac{1}{2} - \frac{\sqrt{3}}{2}i\,.$$

Aufgabenbeispiel 3

1. Zeigen Sie mithilfe der Euler'schen Formel, dass gilt

$$\sin\varphi = \frac{1}{2i}\left(e^{i\varphi} - e^{-i\varphi}\right) \quad \text{und} \quad \cos\varphi = \frac{1}{2}\left(e^{i\varphi} + e^{-i\varphi}\right)\,.$$

2. Verwenden Sie diese Darstellung der Winkelfunktionen und die Rechenregeln der Exponentialfunktion, um zu zeigen, dass gilt:

$$\sin^3\varphi = \frac{1}{4}(3\sin\varphi - \sin(3\varphi))\,. \quad \blacktriangleleft$$

2.5.1   How to …

... Komplexe Zahlen

... **verstehen** Die imaginäre Einheit

$$i^2 = -1$$

ermöglicht Lösungen für Gleichungen, die in $\mathbb{R}$ nicht existieren. Die Potenzen von i sind periodisch:

$$i^0 = 1, \quad i^1 = i, \quad i^2 = -1, \quad i^3 = -i, \quad i^4 = 1, \dots$$

... **und das komplex Konjugierte berechnen**

Für $z = a + bi$ definiert man das komplex Konjugierte als

$$\bar{z} = a - bi.$$

Daraus folgt unmittelbar:

$$z\,\bar{z} = a^2 + b^2 = |z|^2.$$

Zur Rationalisierung komplexer Brüche multipliziert man Zähler und Nenner mit dem Konjugierten des Nenners.

Wichtiger Hinweis Für das komplex Konjugierte kann man sich einfach merken, dass „überall, wo ein Minus steht, dreht sich das Vorzeichen", zum Beispiel, wenn man sie in Exponentialdarstellung schreibt.

... **und die Grundrechenarten nutzen**

- *Addition/Subtraktion:*

$$(a + bi) \pm (c + di) = (a \pm c) + (b \pm d)i.$$

- *Multiplikation:*

$$(a + bi)(c + di) = (ac - bd) + (ad + bc)i.$$

- *Division:*

$$\frac{a+bi}{c+di} = \frac{(a+bi)(c-di)}{(c+di)(c-di)} = \frac{(ac+bd)+(bc-ad)i}{c^2+d^2}.$$

... als Vektoren verstehen

Eine komplexe Zahl $z = a + bi$ lässt sich als Vektor $\vec{z} = \begin{pmatrix} a \\ b \end{pmatrix}$ darstellen. Dabei gelten:

- Vektoraddition entspricht Addition komplexer Zahlen.
- Der Betrag

$$|z| = \sqrt{a^2 + b^2}$$

  ist die Länge des Vektors.
- Das Argument

$$\varphi = \arg(z) = \arctan\frac{b}{a}$$

bestimmt den Winkel zur Realachse (Mehrdeutigkeiten wie im Vektorkapitel beachten).

... in Exponential- und trigonometrische Darstellung umrechnen

Jede komplexe Zahl kann geschrieben werden als

$$z = r(\cos\varphi + i\sin\varphi) = re^{i\varphi},$$

wobei $r = |z|$ und $\varphi = \arg(z)$. Oder einfach an Polarkoordinaten denken und freuen:

$$a = r\cos(\varphi),$$
$$b = r\sin(\varphi).$$

Für zwei Zahlen erhält man:

$$z_1 z_2 = r_1 r_2 e^{i(\varphi_1 + \varphi_2)}, \quad \frac{z_1}{z_2} = \frac{r_1}{r_2} e^{i(\varphi_1 - \varphi_2)}.$$

... um Gleichungen mit komplexen Zahlen zu lösen

Gleichungen der Form $z^n = w$ löst man in Polarform:

$$w = Re^{i\Phi} \quad \Rightarrow \quad z_k = R^{1/n} e^{i\left(\frac{\Phi+2\pi k}{n}\right)}, \quad k = 0, 1, \ldots, n - 1.$$

Beispiel:

$$z^3 = 8 \quad \Rightarrow \quad z_k = 2 e^{i\left(\frac{2\pi k}{3}\right)}, \quad k = 0, 1, 2.$$

2.5.2 Aufgaben

Aufgabenbeispiel 1

1. Berechnung von $\frac{z_0}{z_0^*}$:
   Zunächst definieren wir die komplexe Zahl $z_0 = a + ib$ und deren komplex konjugierte Zahl $z_0^* = a - ib$. Damit ergibt sich:

$$\frac{z_0}{z_0^*} = \frac{a + ib}{a - ib}.$$

Dies ist eine Division von komplexen Zahlen. Zur Berechnung multiplizieren wir Zähler und Nenner mit dem konjugierten Wert des Nenners:

$$\frac{z_0}{z_0^*} = \frac{(a + ib)(a + ib)}{(a - ib)(a + ib)} = \frac{a^2 + 2iab - b^2}{a^2 + b^2}.$$

Die Lösung lautet:

$$\frac{z_0}{z_0^*} = \frac{a^2 - b^2 + 2iab}{a^2 + b^2}.$$

Hieraus folgt der Realteil:

$$\mathrm{Re}\left(\frac{z_0}{z_0^*}\right) = \frac{a^2 - b^2}{a^2 + b^2}, \quad \mathrm{Im}\left(\frac{z_0}{z_0^*}\right) = \frac{2ab}{a^2 + b^2}.$$

2. Berechnung von $\frac{1+z_0}{1-z_0}$:
   Setzen wir $z_0 = a + ib$ ein:

$$\frac{1 + z_0}{1 - z_0} = \frac{1 + a + ib}{1 - a - ib}.$$

Wir multiplizieren Zähler und Nenner mit dem konjugierten Wert des Nenners:

$$\frac{1+z_0}{1-z_0} = \frac{(1+a+ib)(1-a+ib)}{(1-a-ib)(1-a+ib)} = \frac{(1+a)(1-a)+i(b-b)}{(1-a)^2+b^2}.$$

Der Realteil ist:

$$\mathrm{Re}\left(\frac{1+z_0}{1-z_0}\right) = \frac{1-a^2-b^2}{(1-a)^2+b^2}, \quad \mathrm{Im}\left(\frac{1+z_0}{1-z_0}\right) = 0.$$

3. Berechnung von $z_3(2z_2^* - 3z_1) + z_3^* - 3iz_1$:
   Zuerst berechnen wir die notwendigen Werte:

$$z_2^* = 5-2i, \quad z_1 = 2-i, \quad z_3 = -3i, \quad z_3^* = 3i.$$

Dann setzen wir die Werte ein:

$$z_3(2z_2^* - 3z_1) + z_3^* - 3iz_1 = (-3i)(2(5-2i)-3(2-i))+3i-3i(2-i).$$

Dies vereinfacht sich zu:

$$= (-3i)(10-4i-6+3i)+3i-3i(2-i).$$

Nun ausmultiplizieren:

$$= (-3i)(4-i)+3i-3i(2-i) = (-3i)(4-i)+3i-3i\cdot 2+3i^2.$$

Da $i^2 = -1$, ergibt sich:

$$= -12i+3+3i-6i+3(-1) = -12i+3+3i-6i-3 = -15i.$$

Der Realteil ist 0, der Imaginärteil ist:

$$\mathrm{Re}(-15i) = 0, \quad \mathrm{Im}(-15i) = -15.$$

4. Berechnung von $\frac{z_1^* + 2z_2z_3 - iz_2}{2(z_2 - z_3^*)z_1}$:
   Setzen wir die gegebenen Werte ein:

$$z_1^* = 2+i, \quad z_2 = 5+2i, \quad z_3 = -3i, \quad z_3^* = 3i.$$

Dies ergibt:

$$\frac{(2+i)+2(5+2i)(-3i)-i(5+2i)}{2((5+2i)-3i)(2-i)}.$$

Dies ist eine komplexe Berechnung, bei der die multiplikativen und additiven Schritte
ausgeführt werden. Die genaue Berechnung führt zu:

$$\mathrm{Re}\left(\frac{z_1^* + 2z_2z_3 - iz_2}{2(z_2 - z_3^*)z_1}\right) = -\frac{27}{26}, \quad \mathrm{Im}\left(\frac{z_1^* + 2z_2z_3 - iz_2}{2(z_2 - z_3^*)z_1}\right) = \frac{27}{26}.$$

Aufgabenbeispiel 2

1. Bestimmen des Betrags und Arguments für $z = 1 + i\sqrt{3}$:
   Der Betrag r ergibt sich aus:

$$r = |z| = \sqrt{1^2 + (\sqrt{3})^2} = \sqrt{1 + 3} = 2.$$

Das Argument φ ist der Winkel, der die komplexe Zahl im Argumente-Diagramm darstellt, und wird durch

$$\varphi = \tan^{-1}\left(\frac{\sqrt{3}}{1}\right) = \frac{\pi}{3}$$

gegeben.

2. Bestimmen des Betrags und Arguments für $z = 3\sqrt{3} - 3i$:
   Der Betrag r ergibt sich aus:

$$r = |z| = \sqrt{(3\sqrt{3})^2 + (-3)^2} = \sqrt{27 + 9} = \sqrt{36} = 6.$$

Das Argument φ ist:

$$\varphi = \tan^{-1}\left(\frac{-3}{3\sqrt{3}}\right) = \tan^{-1}\left(-\frac{1}{\sqrt{3}}\right) = -\frac{\pi}{6}.$$

3. Bestimmen des Betrags und Arguments für $z = -\frac{1}{2} - \frac{\sqrt{3}}{2}i$:
   Der Betrag r ergibt sich aus:

$$r = |z| = \sqrt{\left(-\frac{1}{2}\right)^2 + \left(-\frac{\sqrt{3}}{2}\right)^2} = \sqrt{\frac{1}{4} + \frac{3}{4}} = \sqrt{1} = 1.$$

Das Argument φ ist:

$$\varphi = \tan^{-1}\left(\frac{-\frac{\sqrt{3}}{2}}{-\frac{1}{2}}\right) = \tan^{-1}(\sqrt{3}) = \frac{2\pi}{3}.$$

Aufgabenbeispiel 3

1. Zeigen Sie mithilfe der Euler'schen Formel, dass gilt

$$\sin\varphi = \frac{1}{2i}\left(e^{i\varphi} - e^{-i\varphi}\right) \quad \text{und} \quad \cos\varphi = \frac{1}{2}\left(e^{i\varphi} + e^{-i\varphi}\right).$$

Lösung zu 3.1 Wir verwenden die Euler'sche Formel:

$$e^{i\varphi} = \cos\varphi + i\sin\varphi, \quad e^{-i\varphi} = \cos\varphi - i\sin\varphi.$$

$\sin\varphi$ ergibt sich, indem wir die Differenz von $e^{i\varphi}$ und $e^{-i\varphi}$ nehmen:

$$e^{i\varphi} - e^{-i\varphi} = 2i\sin\varphi,$$

also:

$$\sin\varphi = \frac{1}{2i}\left(e^{i\varphi} - e^{-i\varphi}\right).$$

Ebenso ergibt sich für $\cos\varphi$ die Summe:

$$e^{i\varphi} + e^{-i\varphi} = 2\cos\varphi,$$

also:

$$\cos\varphi = \frac{1}{2}\left(e^{i\varphi} + e^{-i\varphi}\right).$$

2. Verwenden Sie diese Darstellung der Winkelfunktionen und die Rechenregeln der Exponentialfunktion, um zu zeigen, dass gilt:

$$\sin^3\varphi = \frac{1}{4}(3\sin\varphi - \sin(3\varphi)).$$

Lösung zu 3.2 Wir verwenden die Euler'sche Formel:

$$\sin\varphi = \frac{1}{2i}(e^{i\varphi} - e^{-i\varphi}).$$

Somit ergibt sich für $\sin^3\varphi$:

$$\sin^3\varphi = \left(\frac{1}{2i}(e^{i\varphi} - e^{-i\varphi})\right)^3 = \left(\frac{1}{2i}\right)^3 (e^{i\varphi} - e^{-i\varphi})^3.$$

Berechnen wir $(e^{i\varphi} - e^{-i\varphi})^3$ mittels der binomischen Formel:

$$(e^{i\varphi} - e^{-i\varphi})^3 = e^{3i\varphi} - 3e^{i\varphi}e^{-i\varphi}e^{i\varphi} + 3e^{i\varphi}e^{-i\varphi}e^{-i\varphi} - e^{3i\varphi}$$
$$= e^{3i\varphi} - 3e^{i\varphi} + 3e^{-i\varphi} - e^{-3i\varphi}.$$

Setzen wir dies in die vorherige Gleichung ein:

$$\sin^3\varphi = \left(\frac{1}{2i}\right)^3 (e^{3i\varphi} - 3e^{i\varphi} + 3e^{-i\varphi} - e^{-3i\varphi}).$$

Da $i^3 = -i$, ergibt sich:

$$\sin^3\varphi = -\frac{1}{8i}(e^{3i\varphi} - 3e^{i\varphi} + 3e^{-i\varphi} - e^{-3i\varphi}).$$

Wir gruppieren die Terme:

$$\sin^3 \varphi = -\frac{1}{8i} \left[(e^{3i\varphi} - e^{-3i\varphi}) - 3(e^{i\varphi} - e^{-i\varphi}) \right].$$

Erinnern wir uns daran, dass:

$$\sin \theta = \frac{1}{2i}(e^{i\theta} - e^{-i\theta}).$$

Daher:

$$e^{i\theta} - e^{-i\theta} = 2i \sin \theta.$$

Anwenden auf unsere Gleichung:

$$\sin^3 \varphi = -\frac{1}{8i} \left[2i \sin(3\varphi) - 6i \sin \varphi \right]$$

$$= -\frac{1}{8i} \cdot 2i \left[\sin(3\varphi) - 3 \sin \varphi \right]$$

$$= -\frac{1}{4} \left[\sin(3\varphi) - 3 \sin \varphi \right]$$

$$= \frac{1}{4} \left[3 \sin \varphi - \sin(3\varphi) \right].$$

Damit ist die Identität gezeigt:

$$\sin^3 \varphi = \frac{1}{4}(3 \sin \varphi - \sin(3\varphi)). \; \blacktriangleleft$$

2.6   Differenzialgleichungen (DGL)

Differenzialgleichungen sind das Rückgrat und täglich Brot der Physik. Sie beschreiben, wie sich physikalische Größen zum Beispiel im Raum und in der Zeit verändern. Ohne Differenzialgleichungen wäre die Physik wie ein Orchester ohne Partitur: Wir würden die Instrumente hören, doch die Symphonie der Natur bliebe uns verborgen.

Klassifikation von Differenzialgleichungen

Bevor wir uns ins Lösen stürzen, sollten wir Differenzialgleichungen etwas besser kennenlernen. Wie bei einem ersten Date hilft es, ein paar grundlegende Fragen zu stellen:

1. Gewöhnlich oder partiell?

- **Gewöhnliche Differenzialgleichung (DGL):** Enthält Ableitungen nach nur einer unabhängigen Variablen, z. B. t oder x,

$$y''(t) + y(t) = 0.$$

- **Partielle Differenzialgleichung (PDGL):** Enthält partielle Ableitungen (nach mehreren Variablen),

$$\frac{\partial u}{\partial t} = D\frac{\partial^2 u}{\partial x^2}.$$

2. Ordnung der Gleichung?

Die Ordnung entspricht der höchsten vorkommenden Ableitung der gesuchten Funktion.

- Beispiel: $y''' + 3y' = 0$ ist eine DGL *dritter Ordnung*.

3. Homogen oder inhomogen?

- **Homogen:** Kein zusätzlicher Term, der weder von der gesuchten Funktion noch ihren Ableitungen abhängt,

$$y''(t) + y(t) = 0.$$

- **Inhomogen:** Enthält einen solchen zusätzlichen Term,

$$y''(t) + y(t) = \sin(t).$$

4. Linear oder nichtlinear?

- **Linear:** Die gesuchte Funktion und ihre Ableitungen treten nur in erster Potenz und nicht multipliziert oder verkettet auf,

$$y'' - 2y' + y = e^x.$$

- **Nichtlinear:** Enthält Produkte oder höhere Potenzen der gesuchten Funktion oder ihrer Ableitungen oder sogar Verknüpfungen mit anderen Funktionen,

$$y'' + y^2 - \sin(y') = 0.$$

Lösungsstrategien Für viele in der Physik relevante Differenzialgleichungen existieren etablierte analytische Lösungsverfahren. Diese Methoden ermöglichen es, die Dynamik physikalischer Systeme präzise zu beschreiben und vorherzusagen. Sollte ein spezifischer

Lösungsansatz nicht zum Ziel führen, stehen alternative Methoden zur Verfügung, deren Anwendung jedoch über die Grundlagen hinausgeht und daher in diesem Kontext nicht behandelt wird. Wir werden uns auf einen einzigen Ansatz beschränken, der in den meisten Fällen, die die Physik betreffen, funktionieren wird.

Abschließender Tipp Wenn Sie beim Lösen von Differenzialgleichungen einmal nicht weiterkommen weil es zum Beispiel nicht mit den Rechenmethoden des Buches lösbar ist, verabreden Sie sich doch einfach auf einen Tee oder Kaffee mit Mathematiker*innen – sie haben meist hilfreiche Ideen. Für das Grundstudium in der Physik sollte das Buch allerdings ausreichen.

2.6.1 Homogene und inhomogene DGL 1. Ordnung

Beginnen wir unsere Reise durch die Welt der Differenzialgleichungen mit einem Klassiker: den homogenen und inhomogenen Differenzialgleichungen erster Ordnung. Diese begegnen uns in der Physik so häufig wie der Kaffee am Morgen – unverzichtbar und doch manchmal schwer zu verdauen.

Es gibt zwei bewährte Methoden, diesen mathematischen Gesellen zu bändigen:

1. Die Auswendiglernmethode: Hierbei vertraut man auf eine festgelegte Lösungsformel, die man wie ein Gedicht auswendig lernt. Diese Methode ist besonders beliebt bei denen, die auch ihre WLAN-Passwörter im Kopf haben.
2. Der strukturierte Lösungsweg: Für diejenigen, die lieber verstehen als nur erinnern, gibt es einen klaren, schrittweisen Ansatz. Dieser Weg führt zur gleichen Lösung, bietet aber den Vorteil, dass man bei jeder Anwendung ein kleines Erfolgserlebnis verspürt – ähnlich wie beim Lösen eines Sudoku.

Beide Methoden haben ihre Berechtigung. Die Wahl hängt davon ab, ob man lieber dem Gedächtnis oder dem Verständnis vertraut.

Beispiel

Aufgabenbeispiel 1 Gegeben sei die folgende allgemeine lineare Differenzialgleichung erster Ordnung:

$$\frac{dy}{dt} + p(t) \cdot y(t) = q(t),$$

mit der Anfangsbedingungen $y(0) = y_0$, wobei $p(t)$ und $q(t)$ gegebene Funktionen sind. Bestimmen Sie die Lösung dieser Differenzialgleichung.

Aufgabenbeispiel 2 Modellieren Sie den radioaktiven Zerfall eines Stoffes durch die folgende Differenzialgleichung:

$$\frac{N(t)}{dt} = -\lambda \cdot N(t),$$

wobei $N(t)$ die Anzahl der verbliebenen Atomkerne zur Zeit t darstellt und $\lambda > 0$ die Zerfallskonstante ist. Bestimmen Sie die Funktion $N(t)$, die den Zerfall des Stoffes beschreibt, wenn zu Beginn zum Zeitpunkt $t = 0$ die Anfangsmenge $N(0) = N_0$ gegeben ist.

Aufgabenbeispiel 3 Betrachten Sie das Entladen eines Kondensators in einem einfachen Stromkreis, das durch die folgende Differenzialgleichung beschrieben wird:

$$\frac{dV(t)}{dt} = -\frac{1}{RC} \cdot V(t),$$

wobei $V(t)$ die Spannung am Kondensator zu einem beliebigen Zeitpunkt t ist, R der Widerstand, und C die Kapazität des Kondensators. Bestimmen Sie die Spannung $V(t)$ als Funktion der Zeit, wenn zu Beginn des Entladens die Spannung $V(0) = V_0$ beträgt. ◄

How to …

… homogene und inhomogene DGL 1. Ordnung lösen
Die allgemeine Form einer inhomogenen Differenzialgleichung erster Ordnung lautet:

$$y'(x) = f(x)y(x) + g(x).$$

Hierbei ist $g(x)$ der Störenfried, der die Gleichung inhomogen macht (die sogenannte *Inhomogenität*). Setzt man $g(x) = 0$, erhält man die dazugehörige homogene Gleichung:

$$y'(x) = f(x)y(x).$$

Schritt-für-Schritt-Anleitung

1. **Löse die homogene Gleichung:**

$$\frac{dy}{dx} = f(x)y(x).$$

Trennen Sie die Variablen[26]:

$$\frac{dy}{y} = f(x)\,dx.$$

---

[26] Hier ist gemeint, dass man alles, wo ein y auftaucht auf die linke Seite bringt und alles mit x auf die rechte Seite.

Integrieren Sie beide Seiten:

$$\ln|y| = \int f(x)\,dx \quad \Rightarrow \quad y_h(x) = Ce^{\int f(x)\,dx}$$

Dies ist die Lösung der homogenen Gleichung – elegant und universell.

2. **Finde eine spezielle Lösung $y_p(x)$ der inhomogenen Gleichung:**

$$y'(x) = f(x)y(x) + g(x).$$

Verwenden Sie die Methode der Variation der Konstanten: Setzen Sie $y_p(x) = u(x) \cdot y_h(x)$, wobei $u(x)$ eine zu bestimmende Funktion ist.

3. **Bestimme $u(x)$:** Setzen Sie $y_p = u(x)y_h(x)$ in die inhomogene Gleichung ein und bestimmen Sie $u(x)$ durch Vereinfachung und Integration.

4. **Gesamtlösung:**

$$y(x) = y_h(x) + y_p(x)$$

Voilà! Die vollständige Lösung ist gefunden. Für die Puristen unter den Lesenden hier einmal die Gesamtlösung kompakt in einer Zeile:

$$y(x) = e^{\int f(x)\,dx}\left(\int g(x)e^{-\int f(x)\,dx}dx + C\right)$$

Beispiel Lösen Sie die inhomogene Differenzialgleichung:

$$y' = 2y + 4.$$

1. Schritt: Homogene Gleichung

$$y_h' = 2y_h \quad \Rightarrow \quad \frac{dy}{y} = 2dx \quad \Rightarrow \quad \ln|y_h| = 2x + C \quad \Rightarrow \quad y_h = Ce^{2x}.$$

2. Schritt: Spezielle Lösung durch Variation der Konstanten

Setzen Sie $y_p(x) = u(x) \cdot e^{2x}$.

Dann gilt:

$$y_p' = u'(x)e^{2x} + u(x) \cdot 2e^{2x}.$$

Einsetzen in die inhomogene DGL:

$$u'(x)e^{2x} + 2u(x)e^{2x} = 2u(x)e^{2x} + 4 \Rightarrow u'(x)e^{2x} = 4 \Rightarrow u'(x) = 4e^{-2x}.$$

Integrieren:

$$u(x) = \int 4e^{-2x}\,dx = -2e^{-2x} + C.$$

3. Schritt: Spezielle Lösung:

$$y_p(x) = u(x)e^{2x} = (-2e^{-2x})e^{2x} = -2.$$

4. Schritt: Gesamtlösung:

$$y(x) = y_h(x) + y_p(x) = Ce^{2x} - 2.$$

Aufgaben

Musterlösung zu Aufgabenbeispiel 1 Gegeben ist die lineare Differenzialgleichung erster Ordnung:

$$\frac{dy}{dt} + p(t) \cdot y(t) = q(t),$$

mit der Anfangsbedingung $y(0) = y_0$.

Um diese Differenzialgleichung zu lösen, verwenden wir den Integrationsfaktor. Der Integrationsfaktor $\mu(t)$ ist gegeben durch:

$$\mu(t) = e^{\int p(t)\,dt}.$$

Multiplizieren wir die gesamte Differenzialgleichung mit $\mu(t)$:

$$\mu(t) \cdot \frac{dy}{dt} + \mu(t) \cdot p(t) \cdot y(t) = \mu(t) \cdot q(t).$$

Durch die Produktregel der Ableitung erhalten wir:

$$\frac{d}{dt}\left(\mu(t) \cdot y(t)\right) = \mu(t) \cdot q(t).$$

Nun integrieren wir beide Seiten:

$$\int \frac{d}{dt}\left(\mu(t) \cdot y(t)\right)dt = \int \mu(t) \cdot q(t)\,dt.$$

Dies ergibt:

$$\mu(t) \cdot y(t) = \int \mu(t) \cdot q(t)\,dt + C,$$

wobei C eine Konstante der Integration ist.

Nun lösen wir nach $y(t)$ auf:

$$y(t) = \frac{1}{\mu(t)} \left(\int \mu(t) \cdot q(t)\,dt + C \right).$$

Setzen wir die Anfangsbedingung $y(0) = y_0$ ein, um die Konstante C zu bestimmen. Sobald dies erfolgt ist, erhalten wir die allgemeine Lösung der Differenzialgleichung.

Musterlösung zu Aufgabenbeispiel 2 Die Differenzialgleichung für den radioaktiven Zerfall lautet:

$$\frac{N(t)}{dt} = -\lambda \cdot N(t),$$

mit der Anfangsbedingung $N(0) = N_0$, wobei λ die Zerfallskonstante ist.

Diese Gleichung ist eine lineare Differenzialgleichung erster Ordnung. Sie hat die Form:

$$\frac{dN}{dt} = -\lambda \cdot N.$$

Um die Lösung zu finden, trennen wir die Variablen:

$$\frac{dN}{N} = -\lambda\,dt.$$

Nun integrieren wir beide Seiten:

$$\int \frac{dN}{N} = \int -\lambda\,dt,$$

was zu folgendem Resultat führt:

$$\ln|N(t)| = -\lambda t + C,$$

wobei C eine Konstante der Integration ist.

Nun exponentieren wir beide Seiten:

$$|N(t)| = e^{-\lambda t + C} = e^C e^{-\lambda t}.$$

Da e^C eine Konstante ist, nennen wir sie N_0, und erhalten:

$$N(t) = N_0 e^{-\lambda t}.$$

Mit der Anfangsbedingung $N(0) = N_0$ können wir N_0 als Anfangswert bestätigen. Daher lautet die Lösung:

$$N(t) = N_0 e^{-\lambda t}.$$

Musterlösung zu Aufgabenbeispiel 3 Die Differenzialgleichung für das Entladen eines Kondensators lautet:

$$\frac{dV(t)}{dt} = -\frac{1}{RC} \cdot V(t),$$

mit der Anfangsbedingung $V(0) = V_0$.

Dies ist eine lineare Differenzialgleichung erster Ordnung. Wir trennen die Variablen:

$$\frac{dV}{V} = -\frac{1}{RC}\, dt.$$

Nun integrieren wir beide Seiten:

$$\int \frac{dV}{V} = \int -\frac{1}{RC}\, dt.$$

Das ergibt:

$$\ln|V(t)| = -\frac{t}{RC} + C,$$

wobei C eine Konstante der Integration ist.

Nun exponentieren wir beide Seiten:

$$|V(t)| = e^{-\frac{t}{RC}+C} = e^{C} e^{-\frac{t}{RC}}.$$

Da e^{C} eine Konstante ist, nennen wir sie V_0, und erhalten:

$$V(t) = V_0 e^{-\frac{t}{RC}}.$$

Mit der Anfangsbedingung $V(0) = V_0$ bestätigen wir, dass V_0 die Anfangsspannung ist. Daher lautet die Lösung:

$$V(t) = V_0 e^{-\frac{t}{RC}}. \quad \blacktriangleleft$$

Aufgabenteil 1

Aufgabe 1.1 Bestimmen Sie die allgemeine Lösung der folgenden DGL 1. Ordnung

$$y' = 3x + y.$$

Aufgabe 1.2 Bestimmen Sie die allgemeine Lösung der folgenden DGL 1. Ordnung

$$y' + 3y = 0$$

und nutzen Sie dann den Anfangswert[27], $y(0) = 2$, um alle Unbekannten (meist unter dem Decknamen C zu finden) festzulegen. ◄

2.6.2 Homogene lineare DGL 2. Ordnung

Die in der Physik wohl am häufigsten anzutreffende und wichtigste Art von Differenzialgleichung ist die lineare Differenzialgleichungen zweiter Ordnung. Sie ist das mathematische Modell eines harmonische Oszillators, der in vielen Bereichen der Physik als Modell dient. Der harmonische Oszillator ist sozusagen das Schweizer Taschenmesser der Physik: Ob Federpendel, elektrischer Schwingkreis oder Quantenmechanik – überall schwingt er mit.

In diesem Kapitel widmen wir uns ausführlich dem harmonischen Oszillator, da er nicht nur ein zentrales Modell in der Physik ist, sondern auch eine hervorragende Einführung in die Lösung von Differenzialgleichungen zweiter Ordnung bietet.

Beispiel

Aufgabenbeispiel 1 Gegeben sei die homogene Differenzialgleichung 2. Ordnung

$$\frac{d^2 y}{dt^2} + 4y = 0.$$

Bestimmen Sie die allgemeine Lösung der Differenzialgleichung und geben Sie die Lösung in der Form $y(t) = A\cos(\omega t) + B\sin(\omega t)$ an, wobei A und B Konstanten sind, die durch Anfangsbedingungen bestimmt werden.

Aufgabenbeispiel 2 Gegeben sei die homogene Differenzialgleichung 2. Ordnung

$$\ddot{x} + \dot{x} - 6y = 0.$$

Bestimmen Sie die allgemeine Lösung der Differenzialgleichung.

Aufgabenbeispiel 3 Betrachten Sie die homogene Differenzialgleichung des gedämpften harmonischen Oszillators

$$\ddot{x} + 2\delta\dot{x} + \omega^2 x = 0,$$

wobei δ der Dämpfungsfaktor und ω die Eigenfrequenz des Systems ist. Bestimmen Sie die allgemeine Lösung für die drei Fälle, die für die verschiedenen Möglichkeiten unter der Wurzel auftreten. ◄

---

[27] Sie lösen hier also konkret ein sogenanntes Anfangswertproblem.

How to ...

... homogene lineare DGL 2. Ordnung lösen

In diesem Abschnitt geht es darum, wie man homogene Differenzialgleichungen zweiter Ordnung lösen kann, insbesondere mit dem e-Ansatz, der oft bei linearen DGL 2. Ordnung zur Lösung führt.

Allgemeine Form der DGL 2. Ordnung Die allgemeine Form einer linearen DGL zweiter Ordnung ist:

$$y''(x) + py'(x) + qy(x) = 0.$$

Hierbei sind p und q konstante Zahlen. Diese Gleichung ist *homogen*, weil sie keine inhomogenen Terme wie $g(x)$ auf der rechten Seite enthält. Die Lösung dieser Gleichung kann durch den e-Ansatz gefunden werden, indem wir davon ausgehen, dass die Lösung die Form einer Exponentialfunktion hat.

Schrittweises Vorgehen zum Lösen der DGL 2. Ordnung Um eine Lösung der homogenen DGL zu finden, geht man so vor:

1. **Setze die Lösung im Ansatz $y(x) = e^{\lambda x}$ an:** Damit wird vorausgesetzt, dass die Lösung der DGL die Form einer Exponentialfunktion hat. Setzt man diese in die DGL ein, erhält man:

$$y''(x) + py'(x) + qy(x) = 0.$$

Dies führt zur charakteristischen Gleichung[28]:

$$\lambda^2 + p\lambda + q = 0.$$

2. **Löse die charakteristische Gleichung:** Die Lösungen λ_1 und λ_2 der quadratischen Gleichung sind die charakteristischen Nullstellen. Je nach Nullstellen gibt es verschiedene Fälle:
3. **Fall 1: Zwei verschiedene reelle Lösungen** ($\lambda_1 \neq \lambda_2$): Wenn die beiden Nullstellen der charakteristischen Gleichung unterschiedlich sind, erhält man die allgemeine Lösung:

$$y(x) = C_1 e^{\lambda_1 x} + C_2 e^{\lambda_2 x}.$$

---

[28] Falls Sie – richtiger Weise – nachrechnen und mitdenken: Ich habe hier genutzt, dass die Exponentialfunktion $e^{\lambda x}$ nie null ist. Das ist insofern zulässig, dass man im Fall einer Null davon ausgehen muss, dass die Gesamtlösung einfach null ist. Das ist zwar möglich, aber für die Physik total langweilig, also weiter im Text.

Hierbei sind C_1 und C_2 Konstanten, die durch Anfangsbedingungen bestimmt werden[29].

4. **Fall 2: Doppelte reelle Lösung** ($\lambda_1 = \lambda_2$)**:** Wenn die beiden Nullstellen der charakteristischen Gleichung gleich sind, ist die allgemeine Lösung:

$$y(x) = (C_1 + C_2 x)e^{\lambda_1 x}.$$

Diese Lösung enthält zusätzlich einen linearen Term x, weil die Nullstellen der charakteristischen Gleichung doppelt sind[30].

5. **Fall 3: Zwei komplexe Lösungen** ($\lambda_1, \lambda_2 = \alpha \pm \beta i$)**:** Wenn die Nullstellen der charakteristischen Gleichung komplex sind, ist die allgemeine Lösung[31]

$$y(x) = e^{\alpha x}(C_1 \cos(\beta x) + C_2 \sin(\beta x)).$$

Anmerkungen

Löst man eine homogene Differenzialgleichung, gibt es zwei Lösungen $y_1(x)$ und $y_2(x)$. Diese beiden Lösungen bilden das sogenannte **Fundamentalsystem.**

Ein Fundamentalsystem ist nichts anderes als die kleinste Menge von Lösungen, mit denen man *alle* anderen Lösungen der homogenen Differenzialgleichung zusammenbauen kann. Man nennt sie deshalb in der Mathematik auch eine Basis des Lösungsraums.

Fall 1: Zwei verschiedene reelle Lösungen

Wenn die charakteristische Gleichung zwei verschiedene reelle Lösungen λ_1 und λ_2 hat, lautet das Fundamentalsystem:

$$H = \left\{ e^{\lambda_1 x}, \ e^{\lambda_2 x} \right\}.$$

---

[29] Wenn man also beispielsweise angibt, dass die Gleichung so etwas erfüllen muss wie $y(0) = 2$ und $y'(0) = 1$.

[30] Wenn man mal davon ausgeht, dass man eine DGL n-ter Ordnung hat. Was denken Sie passiert, wenn man mehrere gleiche Nullstellen hat. Tipp: Das gleiche wie hier. Mathematik ist ja immerhin logisch aufgebaut.

[31] Machen Sie sich bitte klar (am besten mit Zettel und Stift), dass die folgen Form die gleiche ist wie $y(x) = A_1\, e^{\lambda_1 x} + A_2\, e^{\lambda_2 x}$, wenn man für die λ die komplexen Zahlen einsetzt und die Rechenregeln der komplexen zahlen nutzt.

Fall 2: Doppelte reelle Lösung

Wenn die charakteristische Gleichung eine doppelte Lösung λ hat, lautet das Fundamentalsystem:

$$H = \left\{ e^{\lambda x},\ x e^{\lambda x} \right\}.$$

Fall 3: Komplexe Lösungen

Wenn die charakteristische Gleichung zwei komplexe Lösungen $\alpha \pm i\beta$ hat, lautet das Fundamentalsystem:[32]

$$H = \left\{ e^{\alpha x} \cos(\beta x),\ e^{\alpha x} \sin(\beta x) \right\}.$$

Beispiel Lösung der Differenzialgleichung

$$y''(x) - 4y'(x) + 4y(x) = 0.$$

1. Schritt: Setze die Lösung im Ansatz $y(x) = e^{\lambda x}$ an:

Einsetzen in die DGL:

$$\lambda^2 - 4\lambda + 4 = 0.$$

Löse die charakteristische Gleichung:

$$(\lambda - 2)^2 = 0 \quad \Rightarrow \quad \lambda_1 = \lambda_2 = 2.$$

2. Schritt: Doppelte reelle Lösung: Da beide Wurzeln gleich sind, ist die Lösung:

$$y(x) = (C_1 + C_2 x)e^{2x}$$

und somit lautet das Fundamentalsystem

$$H = \left\{ e^{2x},\ x e^{2x} \right\}.$$

Aufgaben

Musterlösung zu Aufgabenbeispiel 1 Die gegebene Differenzialgleichung lautet:

$$\frac{d^2 y}{dt^2} + 4y = 0.$$

---

[32] Hinweis: Die beiden Lösungen im Fundamentalsystem müssen **linear unabhängig** sein. Nur dann können damit alle möglichen Lösungen erzeugt werden. In unseren Beispielen ist das immer der Fall. Für DGL n-ter Ordnung führt man entsprechend für mehrfache Nullstellen Terme der Form $x^{i-j} e^{\lambda_i x}$ ein.

Die charakteristische Gleichung lautet:

$$r^2 + 4 = 0,$$

wodurch wir die Wurzeln

$$r = \pm 2i$$

erhalten. Da die Wurzeln rein imaginär sind, lautet die allgemeine Lösung der Differenzialgleichung:

$$y(t) = A\cos(2t) + B\sin(2t),$$

wobei A und B Konstanten sind, die durch Anfangsbedingungen bestimmt werden.

Musterlösung zu Aufgabenbeispiel 2 Die gegebene Differenzialgleichung lautet:

$$\frac{d^2 y}{dt^2} - 6y = 0.$$

Die charakteristische Gleichung lautet:

$$r^2 - 6 = 0,$$

wodurch wir die Wurzeln

$$r = \pm\sqrt{6}$$

erhalten. Da die Wurzeln reell sind, lautet die allgemeine Lösung der Differenzialgleichung:

$$y(t) = Ae^{\sqrt{6}t} + Be^{-\sqrt{6}t},$$

wobei A und B Konstanten sind, die durch Anfangsbedingungen bestimmt werden.

Musterlösung zu Aufgabenbeispiel 3 Die homogene Differenzialgleichung des gedämpften harmonischen Oszillators lautet:

$$\ddot{x} + 2\delta\dot{x} + \omega_0^2 x = 0,$$

wobei δ der Dämpfungskoeffizient und ω_0 die ungedämpfte Eigenfrequenz des Systems ist.

Zur Lösung dieser linearen Differenzialgleichung mit konstanten Koeffizienten setzen wir den Lösungstyp $x(t) = e^{\lambda t}$ an und erhalten die charakteristische Gleichung:

$$\lambda^2 + 2\delta\lambda + \omega_0^2 = 0.$$

Dies ist eine quadratische Gleichung der Form:

$$\lambda^2 + p\lambda + q = 0 \quad \text{mit} \quad p = 2\delta, \quad q = \omega_0^2.$$

Die Lösungen ergeben sich mit der p-q-Formel zu:

$$\lambda_{1,2} = -\frac{p}{2} \pm \sqrt{\left(\frac{p}{2}\right)^2 - q} = -\delta \pm \sqrt{\delta^2 - \omega_0^2}.$$

Je nach Größe des Dämpfungskoeffizienten δ ergeben sich drei Fälle:

1. **Überkritische Dämpfung ($\delta^2 > \omega_0^2$):**
   In diesem Fall ist $\delta^2 - \omega_0^2 > 0$, sodass zwei verschiedene reelle Lösungen existieren:

   $$\lambda_{1,2} = -\delta \pm \sqrt{\delta^2 - \omega_0^2}.$$

   Die allgemeine Lösung der Differenzialgleichung ist:

   $$x(t) = Ae^{\lambda_1 t} + Be^{\lambda_2 t},$$

   wobei A und B Konstanten sind, die durch Anfangsbedingungen bestimmt werden.
2. **Kritische Dämpfung AKA „aperiodischer Grenzfall" ($\delta^2 = \omega_0^2$):**
   Hier ist $\delta^2 - \omega_0^2 = 0$, sodass eine doppelte reelle Nullstelle existiert:

   $$\lambda = -\delta.$$

   Die allgemeine Lösung lautet in diesem Fall:

   $$x(t) = (A + Bt)e^{-\delta t}.$$

3. **Unterkritische Dämpfung ($\delta^2 < \omega_0^2$):**
   In diesem Fall ist $\delta^2 - \omega_0^2 < 0$, sodass komplexe konjugierte Lösungen existieren:

   $$\lambda = -\delta \pm i\sqrt{\omega_0^2 - \delta^2}.$$

   Die allgemeine Lösung der Differenzialgleichung ist dann[33]:

   $$x(t) = e^{-\delta t}\left(A\cos\left(\sqrt{\omega_0^2 - \delta^2}\, t\right) + B\sin\left(\sqrt{\omega_0^2 - \delta^2}\, t\right)\right). \quad \blacktriangleleft$$

---

[33] Bewaffnen Sie sich an dieser Stelle bitte mit Stift und Zettel und rechnen Sie nochmal nach, dass diese Form wirklich herauskommt, wenn Sie in der Exponentialfunktion (also dem Ansatz) die beiden komplexen Lösungen einsetzen.

Aufgabenteil 1

Aufgabe 1.1 Berechnen Sie die allgemeine Lösung der folgenden DGL:

$$\frac{\mathrm{d}^2 y}{\mathrm{d}x^2} - 2\frac{\mathrm{d}y}{\mathrm{d}x} + 5y = 0.$$

Aufgabe 1.2 Berechnen Sie die allgemeine Lösung $C_1 y_1(x) + C_2 y_2(x)$ der Differenzialgleichung

$$y'' + 2y' - 3y = 0 \,.$$

Bestimmen Sie die Koeffizienten C_1 und C_2, sodass die Lösung den Anfangsbedingungen $y(0) = 0$ und $y'(0) = 4$ genügt.

Aufgabe 1.3 Stellen Sie sich einen hypothetischen Fahrstuhl vor, der sich reibungsfrei durch einen geraden Tunnel bewegt, der den Erdmittelpunkt verbindet. Vernachlässigen Sie die Erdrotation und nehmen Sie an, dass die Erde eine homogene Dichteverteilung besitzt.

- Machen Sie sich anhand des Gravitationsgesetzes und der Berechnung einer Masse (ausgedrückt durch die Dichte) klar, dass die Kraft auf ein Objekt, das Sie in einen solchen Tunnel fallen lassen, folgende Form hat:

$$m\ddot{r} = -\frac{4}{3}\pi G \rho m r.$$

- Nutzen Sie den e-Ansatz, um diese Differenzialgleichung nach Umstellen zu lösen.
- Bestimmen Sie anschließend die Schwingungsperiode. Anschlussfrage: Wie lange dauert die Reise einer Pizza-Box[34] von der einen Seite der Erde (direkt am Loch natürlich) bis zur anderen Seite? ◄

2.6.3 Inhomogene lineare DGL 2. Ordnung

Nachdem die homogenen linearen Differenzialgleichungen zweiter Ordnung behandelt wurden, soll in diesem Abschnitt der inhomogene Fall betrachtet werden. Inhomogene lineare Differenzialgleichungen treten in der Physik und Technik häufig auf, etwa bei erzwungenen Schwingungen oder in elektrischen Netzwerken mit äußeren Anregungen.

---

[34] In unserem Modell ist die Pizza-Box ein Punktteilchen – vielleicht etwas wenig nahrhaft …

Eine inhomogene lineare Differenzialgleichung zweiter Ordnung hat die Form

$$y''(x) + p\, y'(x) + q\, y(x) = g(x),$$

wobei p und q konstante Zahlen und $g(x)$ eine vorgegebene Funktion sind.

Grundlegend ist die allgemeine Lösung der inhomogenen Differenzialgleichung gegeben durch

$$y(x) = y_{\mathrm{p}}(x) + y_{\mathrm{h}}(x),$$

wobei

- $y_{\mathrm{p}}(x)$ eine spezielle Lösung der inhomogenen Gleichung ist,
- $y_{\mathrm{h}}(x) = c_1 y_1(x) + c_2 y_2(x)$ und $y_1(x)$ und $y_2(x)$ ein Fundamentalsystem der zugehörigen homogenen Gleichung

$$y''(x) + p\, y'(x) + q\, y(x) = 0$$

  bilden,
- und c_1, c_2 Konstanten sind, die durch Anfangsbedingungen bestimmt werden.

Die Kenntnis eines Fundamentalsystems wird hier vorausgesetzt[35]. Der zentrale neue Schritt ist das Auffinden einer speziellen Lösung $y_{\mathrm{p}}(x)$ der inhomogenen Gleichung.

Beispiel

Aufgabenbeispiel 1 Lösen Sie die Differenzialgleichung

$$y''(x) - 3\, y'(x) + 2\, y(x) \;=\; e^x.$$

Aufgabenbeispiel 2 Lösen Sie die Differenzialgleichung

$$y''(x) + y(x) \;=\; x.$$

Aufgabenbeispiel 3 Lösen Sie die Differenzialgleichung

$$y''(x) - y(x) \;=\; e^{2x}. \;\blacktriangleleft$$

---

[35] Wichtig zum Lösen der inhomogenen DGL ist also die Lösung der homogenen DGL. Das heißt immer zuerst die homogene DGL lösen.

How to ...

... inhomogene lineare DGL 2. Ordnung lösen

Grundidee Die allgemeine Lösung einer inhomogenen linearen Differenzialgleichung zweiter Ordnung setzt sich stets zusammen aus:

- der allgemeinen Lösung der zugehörigen homogenen Gleichung,
- und einer speziellen Lösung der inhomogenen Gleichung.

Für das Auffinden einer speziellen Lösung stehen im Wesentlichen zwei Methoden zur Verfügung:

1. Methode: Raten (Ansatzverfahren) Erfahrungsgemäß lässt sich in vielen Fällen eine spezielle Lösung durch einen klugen Ansatz erraten. Die Form des Ansatzes orientiert sich dabei an der rechten Seite, der sogenannten Inhomogenität, namentlich $g(x)$.

Typische Ansätze:

- Ist $g(x)$ ein Polynom $\Rightarrow$ Ansatz als Polynom.
- Ist $g(x)$ eine Exponentialfunktion $\Rightarrow$ Ansatz als Exponentialfunktion.
- Ist $g(x)$ eine trigonometrische Funktion $\Rightarrow$ Ansatz als Linearkombination von Sinus und Kosinus.
- Kombinationen entsprechend kombinieren.

Falls ein Ansatz zufällig Teil der homogenen Lösung ist (Resonanzfall), muss der Ansatz durch Multiplikation mit x angepasst werden.

Variation der Konstanten Mit genug Erfahrung ist man mit der Methode des scharfen Hinguckens bereits gut ausgestattet, es gibt aber auch ein systematisches Verfahren, das im Folgenden dargestellt wird und in jedem Fall anwendbar ist: die **Variation der Konstanten.**

Ziel ist es, eine spezielle Lösung $y_{\mathrm{p}}(x)$ der inhomogenen linearen Differenzialgleichung

$$y''(x) + p\, y'(x) + q\, y(x) = g(x)$$

zu bestimmen.

Sei $y_1(x)$, $y_2(x)$ ein Fundamentalsystem der zugehörigen homogenen Gleichung. Dann wird als Ansatz gewählt:

$$y_{\mathrm{p}}(x) = u_1(x)y_1(x) + u_2(x)y_2(x),$$

wobei $u_1(x)$ und $u_2(x)$ Funktionen sind, die zu bestimmen sind.

Nach Einsetzen in die inhomogene DGL und ein paar Rechenschritte später[36] steht man vor dem folgenden linearen Gleichungssystem:

$$u_1'(x)y_1(x) + u_2'(x)y_2(x) = 0,$$
$$u_1'(x)y_1'(x) + u_2'(x)y_2'(x) = g(x).$$

Löst man dieses System, so ergibt sich:

$$u_1'(x) = -\frac{y_2(x)g(x)}{W(x)}, \qquad u_2'(x) = \frac{y_1(x)g(x)}{W(x)},$$

wobei $W(x)$ die sogenannte *Wronski-Determinante*[37] von y_1 und y_2 ist, definiert durch

$$W(x) = y_1(x)y_2'(x) - y_1'(x)y_2(x).$$

Durch Integration erhält man schließlich

$$y_p(x) = -y_1(x) \int \frac{y_2(x)g(x)}{W(x)}\,dx + y_2(x) \int \frac{y_1(x)g(x)}{W(x)}\,dx.$$

Schrittfolge in kurz

- Fundamentalsystem y_1, y_2 bestimmen.
- Wronski-Determinante $W(x)$ berechnen.
- Ableitungen $u_1'(x)$, $u_2'(x)$ berechnen und integrieren.
- Spezielle Lösung $y_p(x)$ zusammensetzen.

Beispiel

Zu finden ist die spezielle Lösung der folgenden Differenzialgleichung:

$$y''(x) + y(x) = \cos(x), \quad x \in \left(-\frac{\pi}{2}, \frac{\pi}{2}\right).$$

Das charakteristische Polynom lautet nach Nutzen des Exponentialansatzes:

$$p(\lambda) = \lambda^2 + 1,$$

mit Nullstellen $\lambda = \pm i$.

---

[36] Die ich wärmstens ans Herz lege nachzuvollziehen mit einem Stift und einem Zettel!

[37] Auch wieder eine Funktion. Man kann sich nach dem Kapitel zu Matrizen überlegen, warum diese Funktion das Aussehen hat und wie sie zustande kommt. . .

Als Fundamentalsystem erhält man (bzw. wählt):

$$y_1(x) = \cos(x), \quad y_2(x) = \sin(x),$$

mit Wronski-Determinante:

$$W(x) = 1.$$

Die Inhomogenität ist $g(x) = \cos(x)$.
Es ergibt sich:

$$u_1'(x) = -\sin(x)\cos(x), \quad u_2'(x) = \cos^2(x).$$

Integration liefert:

$$u_1(x) = -\frac{1}{2}\cos^2(x), \quad u_2(x) = \frac{1}{2}(x + \sin(x)\cos(x)).$$

Die spezielle Lösung lautet damit:

$$y_\mathrm{p}(x) = \cos(x)\left(-\frac{1}{2}\cos^2(x)\right) + \sin(x)\left(\frac{1}{2}(x + \sin(x)\cos(x))\right).$$

Aufgaben

Aufgabenbeispiel 1 Lösen Sie die Differenzialgleichung

$$y''(x) - 3\,y'(x) + 2\,y(x) \;=\; e^x.$$

Lösung 1

Homogene Gleichung: $y'' - 3y' + 2y = 0,\quad r^2 - 3r + 2 = 0 \;\Rightarrow\; r = 1, 2,$

$y_1 = e^x,\ y_2 = e^{2x},\quad W = e^{3x},$

$$u_1' = -\frac{y_2\, e^x}{W} = -1, \quad u_2' = \frac{y_1\, e^x}{W} = e^{-x},$$

$u_1 = -x,\quad u_2 = -e^{-x},$

$y_p = -x\,e^x - e^{-x}e^{2x} = -(x+1)e^x,$

$$\boxed{\,y(x) = C_1 e^x + C_2 e^{2x} - (x+1)e^x\,.}$$

Aufgabenbeispiel 2 Lösen Sie die Differenzialgleichung

$$y''(x) + y(x) \;=\; x.$$

Lösung 2

Homogene Gleichung: $y'' + y = 0,\quad r^2 + 1 = 0 \;\Rightarrow\; r = \pm i$,

$y_1 = \cos x,\; y_2 = \sin x,\quad W = 1$,

$$u_1' = -\frac{\sin x \cdot x}{1} = -x \sin x,\quad u_2' = \frac{\cos x \cdot x}{1} = x \cos x,$$

$u_1 = x \cos x - \sin x,\quad u_2 = x \sin x + \cos x$,

$y_p = (x \cos x - \sin x)\cos x + (x \sin x + \cos x)\sin x = x$,

$$\boxed{y(x) = C_1 \cos x + C_2 \sin x + x\,.}$$

Aufgabenbeispiel 3 Lösen Sie die Differenzialgleichung

$$y''(x) - y(x) \;=\; e^{2x}.$$

Lösung 3

Homogene Gleichung: $y'' - y = 0,\quad r^2 - 1 = 0 \;\Rightarrow\; r = \pm 1$,

$y_1 = e^x,\; y_2 = e^{-x},\quad W = -2$,

$$u_1' = -\frac{e^{-x} e^{2x}}{-2} = \tfrac{1}{2} e^x,\quad u_2' = \frac{e^x e^{2x}}{-2} = -\tfrac{1}{2} e^{3x},$$

$u_1 = \tfrac{1}{2} e^x,\quad u_2 = -\tfrac{1}{6} e^{3x}$,

$y_p = \tfrac{1}{2} e^x \cdot e^x - \tfrac{1}{6} e^{3x} \cdot e^{-x} = \tfrac{1}{3} e^{2x}$,

$$\boxed{y(x) = C_1 e^x + C_2 e^{-x} + \tfrac{1}{3} e^{2x}\,.} \;\blacktriangleleft$$

Aufgabenteil 1

Aufgabe 1.1 Gegeben ist die inhomogene lineare Differenzialgleichung 2. Ordnung

$$y'' + 2y' + y = g(x)$$

mit der Störfunktion $g(x)$. Ermitteln Sie für die nachfolgenden Störfunktionen den jeweiligen passenden Lösungsansatz für eine partikuläre Lösung $y_\mathrm{p}(x)$ der inhomogenen Gleichung. Geben Sie die partikuläre Lösung ohne Parameter, wie c_1 an. *[Nehmen Sie die Tabelle auf Moodle zur Hilfe. Diese wird bei späteren Aufgaben gegeben werden, falls notwendig. Üben Sie damit umzugehen!]*

1. $g(x) = x^2 - 2x + 1$,
2. $g(x) = 3\,e^{-x}$,
3. $g(x) = 2\,e^x + \cos(x)$.

Aufgabe 1.2 Bestimmen Sie die allgemeine Lösung der folgenden Differenzialgleichungen:

- $y'' - y' - 2x = xe^x$
- $y'' + y = \sin(x)$
- $y'' - 3y' = 2x + 1 + e^{3x}$

Aufgabe 1.3 Bestimmen sie die Lösung des Anfangswertproblems

$$y'' + y' - 6y + 3 = 0,$$

wobei für $x = 0$ gilt: $y = 0$ und $y' = 0$. ◄

Aufgabenteil 2

Aufgabe 2.1 Berechnen Sie die allgemeine Lösung des freien Falls mit linearer Reibung (v) als inhomogene, lineare DGL 2. Ordnung:

$$\ddot{x} + v\dot{x} = -g \, ,$$

wobei g die Gravitationskonstante ist.

Aufgabe 2.2

(a) Bestimmen Sie die allgemeine Lösung für den gedämpften, harmonischen Oszillator im nicht überdämpften Regime ($\gamma^2 < \omega_0^2$), mit Gravitationskonstante g, gegeben durch folgende DGL:

$$\ddot{x} + 2\gamma\dot{x} + \omega_0^2 x = -g \, .$$

> *Hinweis 1: $x(t) = x_{\text{hom}}(t) + x_{\text{p}}(t)$*
>
> *Hinweis 2: $\omega := \sqrt{\omega_0^2 - \gamma^2}$ kann etwas Schreibaufwand sparen.*

(b) Betrachten Sie nun eine erzwungene Schwingung:

$$\ddot{x} + 2\gamma\dot{x} + \omega_0^2 x = Ae^{i\Omega t} .$$

Bestimmen Sie eine spezielle (partikuläre) Lösung der Form $x_{\text{p}} = B \exp(i\Omega t)$ mit komplexer Amplitude B.

> *Hinweis 1: Setzen Sie $x_{\text{p}}(t)$ ein, bestimmen Sie B und geben Sie dann $x_{\text{p}}(t)$ an*

(c) Die Resonanzfrequenz ist die Frequenz $\Omega = \Omega_r$, bei der das Betragsquadrat der Amplitude einer erzwungenen Schwingung maximal ist. Bestimmen Sie die Resonanzfrequenz für die erzwungene Schwingung.

Hinweis: Bestimmen Sie $|B|^2$ und finden Sie dann die Ω der Extrema $(0 = \frac{\mathrm{d}|B|^2}{\mathrm{d}\Omega})$. Bestimmen Sie auch die Art der Extrema! ◄

2.6.4 Partielle DGL

In diesem Kapitel beschäftigen wir uns mit einigen zentralen partiellen Differenzialgleichungen, die sich dank eines gezielten Lösungsansatzes recht übersichtlich behandeln lassen. Wir konzentrieren uns bewusst auf wenige, dafür aber repräsentative Beispiele – etwa die Wärme- und Wellengleichung –, die einerseits in vielen physikalischen Zusammenhängen auftauchen und uns andererseits mit den im Buch vorgestellten Methoden vertraut genug vorkommen, um sie ohne allzu großen Aufwand zu lösen. Dabei sollen die Herleitungen korrekt und knapp gehalten sein, und am Ende jeder Rechnung darf ein leichtes Schmunzeln über das eigenartige Verhalten der Lösungen nicht fehlen.

Beispiel

Aufgabenbeispiel 1

1. Man zeige, dass
$$f(x, t) = \cos(\omega t)\cos(kx)$$

   Lösung der Wellengleichung
$$\frac{1}{c^2}\partial_{tt} f + \partial_{xx} f = 0$$

   ist.
2. Wir betrachten die Funktion
$$f(t, r) = t^n e^{-\frac{r^2}{4t}},$$

   die von dem Parameter $n \in \mathbb{R}$. Bestimmen Sie den Parameter n, sodass f die Differenzialgleichung
$$\partial_t f(t, r) = \frac{1}{r^2}\partial_r\!\left(r^2 \partial_r f(t, r)\right)$$

   erfüllt.

3. Man löse mittels Separationsansatz

$$\partial_{xy}u + y\,\partial_x u - x\,\partial_y u = 0.$$

4. Man löse weiterhin mittels Separationsansatz

$$u_x \cdot u_t - u^2 = 0.$$

(Tipp: an geeigneter Stelle durch X^2Y^2 teilen; Hinweis: Überlegen Sie sich, wann ein Produkt eins ist!)

Aufgabenbeispiel 2 Gegeben sei die PDGL

$$u_t = ku_{xx}$$

für $0 < x < 1, 0 < t < \infty$, mit einer Konstanten $k > 0$ und den Randbedingungen

$$
\begin{aligned}
u(x,0) &= \cos(\pi x), \\
u_x(0,t) &= 0, \\
u_x(1,t) &= 0.
\end{aligned}
$$

a) Erklären Sie, welches physikalische Phänomen oder welche Situation durch diese Gleichung beschrieben wird.
b) Lösen Sie die Gleichung mithilfe des Separationsansatzes. ◄

How to ...

... partielle Differenzialgleichung lösen
In diesem Abschnitt sehen wir uns an, wie man partielle Differenzialgleichungen (PDGL) mit dem ehrwürdigen Separationsansatz löst – jenem kleinen Trick, der aus einer unübersichtlichen Gleichung ein Duo gewöhnlicher Differenzialgleichungen macht. Stellen Sie sich vor, Sie hätten eine Säge für mehrdimensionale Probleme: Genau das ist der Separationsansatz, der aus $u(x,t)$ zwei zahme Funktionsteile macht, die man getrennt behandeln kann.

Unsere Schrittfolge zum Triumph über PDGL
Beherzigen Sie diese Methode wie eine gute physikalische Faustregel:

1. **Produktansatz verkünden:**
   Postulieren Sie, dass die Lösung als Produkt getrennt variabler Funktionen daherkommt, zum Beispiel

   $$u(x,t) = X(x)\,T(t).$$

(Keine Sorge, das Produkt bleibt streng formal korrekt – und ganz nebenbei wird's übersichtlich.)

2. **Einsatz in die Ursprungs-PDGL:** Schieben Sie Ihr $X(x)\, T(t)$ in die PDGL. Plötzlich haben Sie auf einer Seite nur noch x-Abhängiges und auf der anderen bloß t-Abhängiges – das nennen wir Fortschritt.

3. **Variablenkorrektur:** Teilen Sie durch $X(x)\, T(t)$ und stellen Sie so um, dass jede Seite nur von einer Variable lebt. Beide Seiten gleich einer Konstanten $-\lambda$ setzen, und schon entstehen zwei gewöhnliche Differenzialgleichungen (DGL).

4. **Getrenntes Lösen der DGLs:** Nun widmen Sie sich jeder DGL einzeln. Ob Exponential- oder Sinusfunktionen: Die Standardlösungen liegen bereit, und die Eigenwertprobleme warten mit diskreten λ_n auf Sie.

5. **Zusammenfügen und Finale:** Kombinieren Sie die ermittelten Einzellösungen. In der Regel sammeln Sie noch eine unendliche Summe über alle Eigenmodi, gewürzt mit Anfangs- und Randbedingungen.

Das war die allgemeine Schrittfolge. Nun werden wir zwei Beispiele durchgehen, um diese Schritte in die Praxis umzusetzen.

Beispiel 1: Wärmeleitungsgleichung in 1D

Die Wärmeleitungsgleichung

$$\frac{\partial u(x,t)}{\partial t} = k\,\frac{\partial^2 u(x,t)}{\partial x^2}$$

erklimmt man am elegantesten mit unserem treuen Separationsansatz.

1. Schritt: Produktansatz   Wir postulieren – nicht ohne ein dezentes Kopfnicken –, dass

$$u(x,t) = X(x)\, T(t).$$

Das zerlegt das einst mehrdimensionale Ungetüm in zwei formschöne Einzelfiguren: $X(x)$ und $T(t)$.

2. Schritt: Einsetzen in die PDGL   Ein kurzer Tausch in die Ursprungsgleichung liefert:

$$X(x)\,\frac{dT(t)}{dt} = k\,T(t)\,\frac{d^2 X(x)}{dx^2}.$$

Teilen wir durch $X(x)\, T(t)$, trennt sich das Rätsel von selbst:

$$\frac{1}{k\,T(t)}\,\frac{dT(t)}{dt} = \frac{1}{X(x)}\,\frac{d^2 X(x)}{dx^2} = -\lambda.$$

Mit diesem λ entlassen wir die PDGL in zwei gewöhnliche Differenzialgleichungen.

3. Schritt: Lösen der Zeit-DGL

$$\frac{dT}{dt} = -\lambda\,T \quad\Longrightarrow\quad T(t) = C_1\,e^{-\lambda t}.$$

Kein Hexenwerk: Exponentiallösung mit dem typischen Abklingcharme.

4. Schritt: Lösen der Raum-DGL

$$\frac{d^2 X}{dx^2} = -\lambda\,X \quad\Longrightarrow\quad X(x) = A\,\sin(\sqrt{\lambda}\,x) + B\,\cos(\sqrt{\lambda}\,x).$$

Hier wird's sinusförmig – ganz wie man es von schwingenden Stäben kennt.

5. Schritt: Randbedingungen und Eigenwerte Wir fordern $X(0) = 0$ und $X(L) = 0$. Das setzt

$$B = 0, \quad \sqrt{\lambda} = \frac{n\pi}{L}, \quad \lambda_n = \left(\frac{n\pi}{L}\right)^2.$$

Damit ist die Summe aller Eigenmodi geboren:

$$u(x,t) = \sum_{n=1}^{\infty} C_n\,\sin\!\left(\frac{n\pi x}{L}\right)\exp\!\left(-k\left(\frac{n\pi}{L}\right)^2 t\right),$$

wo die C_n aus der Anfangsbedingung schlüpfen. ◄

Beispiel 2: Laplace-Gleichung in 2D

Die 2-dimensionale Laplace-Gleichung

$$\frac{\partial^2 u}{\partial x^2} + \frac{\partial^2 u}{\partial y^2} = 0$$

fordert erneut unser Separator-Duett.

1. Schritt: Produktansatz

$$u(x,y) = X(x)\,Y(y).$$

Damit wird die zweidimensionale Fläche in zwei Einzelflächen entwirrt.

2. Schritt: Einsetzen und Trennung

$$X\,Y'' + Y\,X'' = 0 \overset{/XY}{\Longrightarrow} \frac{X''}{X} = -\frac{Y''}{Y} = \lambda.$$

Wir gewinnen zwei DGLs:

$$X'' = \lambda\,X, \quad Y'' = -\lambda\,Y.$$

3. Schritt: Lösen der Rand-DGLs Für ein Rechteck $0 \leq x \leq L_x$, $0 \leq y \leq L_y$ mit $u = 0$ am Rand folgt:

$$X(x) = A\sin\!\left(\tfrac{n\pi x}{L_x}\right), \quad Y(y) = C\sin\!\left(\tfrac{m\pi y}{L_y}\right),$$

mit $\lambda_{nm} = (n\pi/L_x)^2 + (m\pi/L_y)^2$.

4. Schritt: Zusammensetzen der Gesamtlösung Die vollständige Lösung summiert alle erlaubten Moden:

$$u(x,y) = \sum_{n=1}^{\infty}\sum_{m=1}^{\infty} C_{nm}\,\sin\!\left(\tfrac{n\pi x}{L_x}\right)\,\sin\!\left(\tfrac{m\pi y}{L_y}\right).$$

Die C_{nm} richten sich nach den gegebenen Randwerten. ◄

Aufgaben

Aufgabenbeispiel 1

1. **Wellengleichung:** Zu zeigen:

$$f(x,t) = \cos(\omega t)\,\cos(kx) \quad \text{erfüllt} \quad \frac{1}{c^2}f_{tt} + f_{xx} = 0.$$

Beweis mit gelassenem Augenzwinkern: Man leitet zweimal nach Zeit und Raum ab – alles handliche Sinus- und Kosinus-Funktionen:

$$f_{tt} = -\omega^2\cos(\omega t)\cos(kx), \quad f_{xx} = -k^2\cos(\omega t)\cos(kx).$$

Einsetzen gibt

$$\frac{1}{c^2}(-\omega^2) + (-k^2) = 0 \quad \Longleftrightarrow \quad \omega^2 = c^2k^2,$$

was mit der Dispersionsrelation der Welle perfekt übereinstimmt.

2. **Temperatur-Konstruktion:** Gegeben $f(t,r) = t^n e^{-r^2/(4t)}$, gesucht n, sodass

$$f_t = \frac{1}{r^2}\,\partial_r\!\left(r^2 f_r\right).$$

Nach kurzem Ableiten und Aufräumen findet man

$$f_t = t^{n-2}e^{-r^2/(4t)}\!\left(nt + \tfrac{r^2}{4}\right), \quad \frac{1}{r^2}\partial_r(r^2 f_r) = t^{n-2}e^{-r^2/(4t)}\!\left(-\tfrac{3}{2}t + \tfrac{r^2}{4}\right).$$

Vergleich der Koeffizienten liefert $n = -\tfrac{3}{2}$.

3. **Gemischte Gleichung:**

$$u_{xy} + y\,u_x - x\,u_y = 0.$$

Mit $u(x, y) = X(x)Y(y)$ setzt man ein und erhält

$$\frac{X'}{X}\frac{Y'}{Y} + y\frac{X'}{X} - x\frac{Y'}{Y} = 0.$$

Ein wenig algebraische Feinarbeit führt zu zwei gewöhnlichen DGL

$$X'/X = ax, \quad Y'/Y = \frac{a}{1-a}\,y,$$

mit freiem Parameter a. Die Allgemeinlösung liest sich dann

$$u(x, y) = C\exp\!\left(\tfrac{a}{2}(1-a)x^2 + \tfrac{a}{2(1-a)}y^2\right), \quad a \in \mathbb{R}.$$

4. **Quadratischer Ansatz:**

$$u_x\,u_t - u^2 = 0.$$

Mit $u = X(x)Y(t)$ folgt nach Teilen durch X^2Y^2

$$(X'/X)(Y'/Y) = 1.$$

Beide Seiten sind konstant, nennen wir sie k. Dann

$$X'/X = k, \quad Y'/Y = 1/k \implies X = Ae^{kx}, \ Y = Be^{t/k}.$$

Also

$$u(x, t) = C\exp\!\left(kx + \tfrac{t}{k}\right) \quad (k \neq 0).$$

Aufgabenbeispiel 2 Gegeben:

$$u_t = ku_{xx},$$
$$u(x, 0) = \cos(\pi x),$$
$$u_x(0, t) = 0,$$
$$u_x(1, t) = 0.$$

a) Physikalische Interpretation Diese Gleichung beschreibt die **Diffusion** einer physikalischen Größe $u(x, t)$, z. B. die **Temperaturverteilung** in einem Stab oder eine **Ladungsdichte**. Der Stab ist auf dem Intervall $0 < x < 1$ definiert und besitzt **isolierte Ränder** (keine Fluss durch die Ränder), da $u_x(0, t) = u_x(1, t) = 0$.

b) Lösung der PDGL mittels der Schrittfolge

1. Produktansatz verkünden: Wir setzen an:

$$u(x, t) = X(x)T(t).$$

2. Einsatz in die Ursprungs-PDGL: Einsetzen ergibt:

$$X(x)T'(t) = kX''(x)T(t).$$

3. Variablenkorrektur: Teilen durch $X(x)T(t)$:

$$\frac{T'(t)}{kT(t)} = \frac{X''(x)}{X(x)} = -\lambda.$$

Dadurch entstehen zwei gewöhnliche DGLs:

$$T'(t) + \lambda kT(t) = 0,$$
$$X''(x) + \lambda X(x) = 0.$$

4. Getrenntes Lösen der DGLs: Raumanteil:

$$X''(x) + \lambda X(x) = 0.$$

Randbedingungen:

$$X'(0) = 0, \quad X'(1) = 0.$$

Die allgemeine Lösung für $X(x)$ lautet:

$$X(x) = A\cos(\sqrt{\lambda}x) + B\sin(\sqrt{\lambda}x).$$

Ableitung:

$$X'(x) = -A\sqrt{\lambda}\sin(\sqrt{\lambda}x) + B\sqrt{\lambda}\cos(\sqrt{\lambda}x).$$

Randbedingung bei $x = 0$:

$$X'(0) = B\sqrt{\lambda} = 0 \quad \Rightarrow \quad B = 0.$$

Randbedingung bei $x = 1$:

$$X'(1) = -A\sqrt{\lambda}\sin(\sqrt{\lambda}) = 0.$$

Für $A \neq 0$ ergibt sich:

$$\sin(\sqrt{\lambda}) = 0 \quad \Rightarrow \quad \sqrt{\lambda} = n\pi, \quad n \in \mathbb{N}_0.$$

Also:
$$\lambda_n = (n\pi)^2.$$

Damit wird:
$$X_n(x) = A_n \cos(n\pi x).$$

Zeitanteil:
$$T'(t) + \lambda_n k T(t) = 0.$$

Standardlösung:
$$T_n(t) = C_n e^{-\lambda_n k t} = C_n e^{-k(n\pi)^2 t}.$$

5. Zusammenfügen und Finale: Die allgemeine Lösung ist:

$$u(x,t) = \sum_{n=0}^{\infty} A_n \cos(n\pi x) e^{-k(n\pi)^2 t}.$$

Anfangsbedingung:
$$u(x,0) = \cos(\pi x).$$

Vergleich: Nur $n = 1$ ist ungleich null, alle anderen $A_n = 0$. Also:

$$A_1 = 1.$$

Endgültige Lösung:

$$\boxed{u(x,t) = \cos(\pi x) e^{-k\pi^2 t}}. \quad \blacktriangleleft$$

Aufgabenteil 1

Aufgabe 1.1 Bestimmen Sie die Lösung der Differenzialgleichung

$$x \partial_x u = y^2 \partial_{yy} u + y \partial_y u$$

mit $x > 0$, $y > 0$ sowie $u(x,1) = 0$ und $u(1,x) = x$.

Aufgabe 1.2 Bestimmen Sie eine Lösung[38] der Differenzialgleichung

$$\partial_{xx} u = \partial_{yy} u + \partial_x u.$$

Aufgabe 1.3 Gegeben sei die eindimensionale Schrödinger-Gleichung für ein Teilchen in einem unendlich tiefen Potenzialtopf:

---

[38] Und nicht die Nulllösung!

$$i\hbar\partial_t\Psi(x,t) = \left[\frac{-\hbar^2}{2m}\frac{\mathrm{d}^2}{\mathrm{d}x} + V(x)\right]\Psi(x,t)$$

mit dem Potenzial

$$V(x) = \begin{cases} 0 & 0 < x < L \\ \infty & x \leq 0,\, x \geq L \end{cases}.$$

a) Nutzen Sie den Ansatz $\Psi(x,t) = \psi(x)e^{-\frac{E}{\hbar}t}$, um eine zeitliche Lösung und eine zeitunabhängige Differenzialgleichung zu erhalten.

b) Lösen Sie nun die zeitunabhängige Schrödinger-Gleichung im Kasten.

c) Nutzen Sie die Randbedingungen, um die Wellenfunktion $\psi(x)$ zu vereinfachen und zu zeigen, dass es nur diskrete Energieniveaus gibt. ◄

Aufgabenteil 2

Aufgabe 2.1 Betrachten Sie die zeitabhängige Schrödinger-Gleichung in Kugelkoordinaten:

$$i\hbar\frac{\partial\Psi(r,\theta,\phi,t)}{\partial t} = \left(-\frac{\hbar^2}{2m}\nabla^2 + V(r,\theta,\phi)\right)\Psi(r,\theta,\phi,t),$$

wobei der Laplace-Operator in Kugelkoordinaten die folgende erstmal mächtige Form besitzt:

$$\Delta f(r,\theta,\phi) = \nabla^2 f(r,\theta,\phi) = \frac{1}{r^2}\frac{\partial}{\partial r}\left(r^2\frac{\partial f}{\partial r}\right) + \frac{1}{r^2\sin\theta}\frac{\partial}{\partial\theta}\left(\sin\theta\frac{\partial f}{\partial\theta}\right) + \frac{1}{r^2\sin^2\theta}\frac{\partial^2 f}{\partial\phi^2}.$$

- In dieser Aufgabe geht es nicht darum, alle Polynome und Funktionen herzuleiten. Das wird Ihnen erst in der Quantenphysik langsam begegnen. Einen ersten wichtigen Schritt und damit fast das gesamte mathematische Geheimnis können Sie hier bereits lüften: Separieren Sie die Differenzialgleichung in insgesamt vier gewöhnliche Differenzialgleichungen, indem Sie den Ansatz

$$\Psi(r,\theta,\phi,t) = R(r)\Theta(\theta)\Phi(\phi)T(t)$$

und den Laplace-Operator in Kugelkoordinaten in die Differenzialgleichung einsetzen[39].

Aufgabe 2.2 Die Wellengleichung in Zylinderkoordinaten (r,θ,z) liest sich

$$\frac{1}{r}\frac{\partial}{\partial r}\left(r\frac{\partial u}{\partial r}\right) + \frac{1}{r^2}\frac{\partial^2 u}{\partial\theta^2} + \frac{\partial^2 u}{\partial z^2} = \frac{1}{c^2}\frac{\partial^2 u}{\partial t^2}.$$

---

[39] Hier ist nichts weiter als Ausdauer und Resilienz gefragt. Historisch wurde das auch nicht an einem Abend gemacht. Nehmen Sie sich also gerne Zeit hier ab und an mal vorbei zu schauen.

Wählen Sie einen passenden Separationsansatz und geben Sie die einzelnen gewöhnlichen Differenzialgleichungen an. ◄

2.7　Matrizen

Matrizen – diese geheimnisvollen Zahlenkästchen, die auf den ersten Blick so unschuldig wirken, als hätten sie nichts Besseres zu tun, als brav in Reihen und Spalten zu sitzen. Doch Vorsicht: Hinter ihrer peniblen Ordnung verbirgt sich das Schweizer Taschenmesser der linearen Algebra! Ob in der Physik, in der Technik oder in den tiefsten Ecken der reinen Mathematik – Matrizen sind wie jener Freund, der immer alles dabei hat und dir aus jeder Misere hilft.

In diesem Kapitel werden wir grundlegende Eigenschaften und Rechenoperationen von Matrizen kennenlernen. Dazu gehört natürlich das Einführen einer Matrix[40], das Transponieren sowie Rechenregeln. Einen besonderen Schwerpunkt legen wir auf die Anwendung von Matrizen zur Lösung linearer Gleichungssysteme.

Beispiel

Aufgabenbeispiel 1 Gegeben seien

$$A = \begin{pmatrix} 3 & -4 \\ 2 & 1 \end{pmatrix}, \quad \vec{a} = \begin{pmatrix} 2 \\ 5 \end{pmatrix}.$$

a) Berechnen Sie $\vec{b} = A \cdot \vec{a}$ und $\vec{a} \otimes \vec{a}$.

b) Invertieren Sie A (genannt A^{-1}) und lösen Sie somit das Gleichungssystem

$$A \cdot \vec{x} = \vec{a},$$

　　wobei $\vec{x} = (x_1, x_2)^T$.

c) Bestimmen Sie die $\det A$, $\det(A^2)$ und $(A^T)^{-1}$.

d) Bestimmen Sie die Eigenwerte und zugehörigen Eigenvektoren.

Aufgabenbeispiel 2 Gegeben sei die Matrix

$$B = \begin{pmatrix} 0 & 2 & 7 \\ 0 & 0 & 3 \\ 0 & 0 & 0 \end{pmatrix}.$$

a) Berechnen Sie B^i für $i \in \{1, 2, 3\}$.

b) Bestimmen Sie e^B.

---

[40] AKA eine Antwort auf die Frage: Was ist das nun?

c) Ziegen Sie mithilfe der Matrizen C und D aus der nächsten Aufgabe, dass die Multiplikation von Matrizen nicht kommutativ ist.

Aufgabenbeispiel 3 Gegeben seien die beiden Matrizen

$$C = \begin{pmatrix} 10 & 1 & 3 \\ 8 & 2 & 0 \\ 2 & 4 & 0 \end{pmatrix}, \quad D = \begin{pmatrix} 13 & -4 & -13 \\ -30 & -3 & 3 \\ -8 & -8 & 1 \end{pmatrix}.$$

a) Berechnen Sie $M = 2 \cdot C + D$.

b) Bestimmen Sie dann M^{-1}. *(Tipp: Üben Sie gerne verschiedene Verfahren!)* ◄

2.7.1 How to …

… Matrizen verstehen

Eine **Matrix** ist eine rechteckige Versammlung von Zahlen, die so unerwartet kooperativ sind, dass sie selbst den dienstältesten Statistikern ein anerkennendes Nicken entlocken. Eine Matrix (A) der Dimension $m \times n$ hat m Zeilen und n Spalten – so simpel, als würdest du ein Bücherregal nach Reihen und Spalten sortieren, nur eben mit Zahlen statt dicken Wälzern. Zum Beispiel:

$$A = \begin{pmatrix} 1 & 2 & 3 \\ 4 & 5 & 6 \\ 7 & 8 & 9 \end{pmatrix}.$$

Dies ist – Überraschung! – eine 3×3-Matrix (3 Zeilen, 3 Spalten).

… Diagonalen verstehen

Die **Hauptdiagonale** einer Matrix umfasst jene rebellischen Elemente, bei denen Zeilen- und Spaltenindex im Gleichschritt marschieren. In unserer 3×3-Matrix A:

$$A = \begin{pmatrix} 2 & 5 & 7 \\ 3 & 9 & 1 \\ 4 & 6 & 8 \end{pmatrix}$$

sind die VIP-Gäste der Hauptdiagonale:

$$2, \ 9, \ 8.$$

Die Elemente der **Gegendiagonale** lurken senkrecht dazu – hier wären das im Beispiel $7, 9, 4$ – und träumen davon, einmal so wichtig zu sein wie ihre großen Geschwister.

... Matrix transponieren

Transponieren heißt: Wir drehen unsere Matrix um und lassen Zeilen zu Spalten werden und umgekehrt. Die transponierte Matrix von A heißt A^T.

Beispiel:

$$A = \begin{pmatrix} 1 & 2 & 3 \\ 4 & 5 & 6 \\ 7 & 8 & 9 \end{pmatrix} \quad \Rightarrow \quad A^T = \begin{pmatrix} 1 & 4 & 7 \\ 2 & 5 & 8 \\ 3 & 6 & 9 \end{pmatrix}.$$

... mit Matrizen rechnen

Addition Du darfst Matrizen nur dann addieren, wenn sie exakt dieselbe Dimension teilen – sonst gibt's Zoff. Man addiert Element für Element, als würdest du zwei Kuchenstücke exakt aufeinanderstapeln.

Beispiel:

$$A = \begin{pmatrix} 1 & 2 & 3 \\ 4 & 5 & 6 \\ 7 & 8 & 9 \end{pmatrix}, \quad B = \begin{pmatrix} 9 & 8 & 7 \\ 6 & 5 & 4 \\ 3 & 2 & 1, \end{pmatrix}$$

$$A + B = \begin{pmatrix} 10 & 10 & 10 \\ 10 & 10 & 10 \\ 10 & 10 & 10 \end{pmatrix}.$$

Skalare Multiplikation Ein Skalar k (oder im einfachsten Fall einfach eine Zahl, wie zum Beispiel 42) multipliziert jede Zahl in deiner Matrix:

Beispiel: Für $A = \begin{pmatrix} 1 & 0 & -1 \\ 2 & 3 & 4 \\ -2 & 5 & 6 \end{pmatrix}$ und $k = 3$ gilt

$$3 \cdot A = \begin{pmatrix} 3 & 0 & -3 \\ 6 & 9 & 12 \\ -6 & 15 & 18 \end{pmatrix}.$$

Matrixmultiplikation Gegeben seien die beiden folgenden Matrizen:

$$A = \begin{pmatrix} 1 & 2 & 3 \\ 4 & 5 & 6 \\ 7 & 8 & 9 \end{pmatrix}, \quad B = \begin{pmatrix} 9 & 8 & 7 \\ 6 & 5 & 4 \\ 3 & 2 & 1 \end{pmatrix}.$$

Das Produkt sieht dann so aus, wenn man sie multipliziert[41]:

$$A \cdot B = C = \begin{pmatrix} 1 \cdot 9 + 2 \cdot 6 + 3 \cdot 3 & 1 \cdot 8 + 2 \cdot 5 + 3 \cdot 2 & 1 \cdot 7 + 2 \cdot 4 + 3 \cdot 1 \\ 4 \cdot 9 + 5 \cdot 6 + 6 \cdot 3 & 4 \cdot 8 + 5 \cdot 5 + 6 \cdot 2 & 4 \cdot 7 + 5 \cdot 4 + 6 \cdot 1 \\ 7 \cdot 9 + 8 \cdot 6 + 9 \cdot 3 & 7 \cdot 8 + 8 \cdot 5 + 9 \cdot 2 & 7 \cdot 7 + 8 \cdot 4 + 9 \cdot 1 \end{pmatrix}$$

$$= \begin{pmatrix} 30 & 24 & 18 \\ 84 & 69 & 54 \\ 138 & 114 & 90 \end{pmatrix}.$$

… Nichtkommutativität der Matrixmultiplikation verstehen

Hier kommt das Drama: Im Allgemeinen gilt **nicht** $A \cdot B = B \cdot A$, also bitte merken: $A \cdot B \neq B \cdot A$!

Beispiel: Mit

$$A = \begin{pmatrix} 1 & 1 & 0 \\ 0 & 1 & 0 \\ 0 & 0 & 1 \end{pmatrix}, \quad B = \begin{pmatrix} 1 & 0 & 0 \\ 0 & 1 & 1 \\ 0 & 0 & 1 \end{pmatrix}$$

gilt zum Beispiel

$$A \cdot B = \begin{pmatrix} 1 & 1 & 1 \\ 0 & 1 & 1 \\ 0 & 0 & 1 \end{pmatrix}, \quad B \cdot A = \begin{pmatrix} 1 & 1 & 0 \\ 0 & 1 & 1 \\ 0 & 0 & 1 \end{pmatrix}.$$

Nicht gleich – die Reihenfolge macht hier also den Unterschied! Bitte im Hinterkopf behalten!

… Determinante berechnen

Die **Determinante**[42] ist eine einzelne Zahl, die verrät, ob deine Matrix invertierbar ist (null heißt: nicht invertierbar) oder ob sie das Volumen im n-dimensionalen Raum verdreht hat.

---

[41] Machen Sie sich klar, wie hier gerechnet wurde! Am besten mit Stift und Zettel!

[42] Schauen Sie hierfür einmal „voraus" in das Abschn. 2.7 zu „Determinanten", falls Sie diese an dieser Stelle noch nicht kennen.

Berechnung in 2D Für eine 2×2-Matrix

$$A = \begin{pmatrix} a & b \\ c & d \end{pmatrix}$$

berechnet sich die Determinante als

$$\det(A) = ad - bc.$$

Berechnung in 3D Für eine 3×3-Matrix

$$A = \begin{pmatrix} a & b & c \\ d & e & f \\ g & h & i \end{pmatrix}$$

berechnet sich die Determinante nach der Regel von Sarrus[43]:

$$\det(A) = aei + bfg + cdh - ceg - bdi - afh.$$

Alternativ mit der Entwicklung nach der ersten Zeile[44], was das gleiche ergibt:

$$\det(A) = a(ei - fh) - b(di - fg) + c(dh - eg).$$

Beispiel

Für

$$A = \begin{pmatrix} 1 & 2 & 3 \\ 4 & 5 & 6 \\ 7 & 8 & 10 \end{pmatrix}$$

berechnet man die Determinante

$$\det(A) = 1(5 \cdot 10 - 6 \cdot 8) - 2(4 \cdot 10 - 6 \cdot 7) + 3(4 \cdot 8 - 5 \cdot 7) = -3. \quad \blacktriangleleft$$

---

[43] Mein Tipp hier ist: Bitte Stift rausnehmen und die Buchstaben als Diagonalen abfahren mit Vorzeichen. Dann bitte das Schema merken.

[44] Wir könnten auch nach einer anderen Zeile oder sogar nach den Spalten entwickeln, falls Sie mehr wissen möchten dazu, schauen Sie mal in einer ruhigen Minute nach dem Laplace'schen Entwicklungssatz. Der funktioniert dann auch mit mehr Dimensionen, z. B. 4D.

... Inverse einer Matrix berechnen

Eine Matrix A ist invertierbar (hat also eine inverse Matrix, notiert A^{-1}), wenn sie eine Einheitsmatrix I[45] hervorzaubern kann:

$$A \cdot A^{-1} = A^{-1} \cdot A = I.$$

Der Clou: Das Invertieren funktioniert nur, wenn $\det(A) \neq 0$ – andernfalls wehrt sich die Matrix wie ein störrisches Pony[46].

Inversion einer 2×2-Matrix Für

$$A = \begin{pmatrix} a & b \\ c & d \end{pmatrix}$$

ist

$$\det(A) = ad - bc, \quad \text{und} \quad A^{-1} = \frac{1}{ad - bc} \begin{pmatrix} d & -b \\ -c & a \end{pmatrix},$$

vorausgesetzt $ad - bc \neq 0$.

Inversion einer 3×3-Matrix Zwei elegante Methoden – beide erhalten wir mit netter Magie:

1. **Die „Meister-des-Auswendiglernens"-Taktik:** Steht man auf viel Auswendiglernen ohne Verstehen, empfiehlt es sich folgende Struktur einfach auswendig zu lernen. Die Inverse einer Matrix

$$A = \begin{pmatrix} a & b & c \\ d & e & f \\ g & h & i \end{pmatrix}$$

   ist

$$A^{-1} = \frac{1}{\det(A)} \begin{pmatrix} (ei - fh) & (ch - bi) & (bf - ce) \\ (fg - di) & (ai - cg) & (cd - af) \\ (dh - eg) & (bg - ah) & (ae - bd) \end{pmatrix}.$$

---

[45] Eine Einheitsmatrix hat nur auf der Hauptdiagonale Einsen. In 2D: $I = \begin{pmatrix} 1 & 0 \\ 0 & 1 \end{pmatrix}$ und in 3D: $I = \begin{pmatrix} 1 & 0 & 0 \\ 0 & 1 & 0 \\ 0 & 0 & 1 \end{pmatrix}$, manchmal auch mit I_2 und I_3 geadelt.

[46] Schaut man mal in die nachfolgende Gleichung, fällt einem sofort auf, dass man bei einer Determinante von null durch Null teilen würde. Altbekanntlich sterben dabei kleine Kätzchen und Armageddon beginnt.

Um dem Kind auch noch einen Namen zu geben, nennt man die Matrix der Differenzen die **adjungierte Matrix** oder etwas bonfortionöser auch *transponierte Kofaktormatrix*. Die Inverse liest sich dann

$$A^{-1} = \frac{1}{\det(A)}\,\mathrm{adj}(A)^T.$$

Für unser Beispiel

$$A = \begin{pmatrix} 1 & 2 & 3 \\ 0 & 4 & 5 \\ 1 & 0 & 6 \end{pmatrix}$$

berechnen wir zuerst die Determinante:

$$\det(A) = 1 \cdot (4 \cdot 6 - 5 \cdot 0) - 2 \cdot (0 \cdot 6 - 5 \cdot 1) + 3 \cdot (0 \cdot 0 - 4 \cdot 1)$$

$$= 24 - (-10) + (-12) = 24 + 10 - 12 = 22.$$

Dann die adjungierte Matrix:

$$\mathrm{adj}(A)^T = \begin{pmatrix} 4 \cdot 6 - 5 \cdot 0 & -(0 \cdot 6 - 5 \cdot 1) & 0 \cdot 0 - 4 \cdot 1 \\ -(2 \cdot 6 - 3 \cdot 0) & 1 \cdot 6 - 3 \cdot 1 & -(1 \cdot 0 - 2 \cdot 1) \\ 2 \cdot 5 - 3 \cdot 4 & -(1 \cdot 5 - 3 \cdot 0) & 1 \cdot 4 - 2 \cdot 0 \end{pmatrix} = \begin{pmatrix} 24 & 5 & -4 \\ -12 & 3 & -2 \\ -2 & -5 & 4 \end{pmatrix}.$$

Daher

$$A^{-1} = \frac{1}{22} \begin{pmatrix} 24 & 5 & -4 \\ -12 & 3 & -1 \\ -2 & -5 & 4 \end{pmatrix}^T = \begin{pmatrix} \frac{12}{11} & \frac{-6}{11} & \frac{-1}{11} \\ \frac{5}{22} & \frac{3}{22} & \frac{-5}{22} \\ \frac{-2}{11} & \frac{1}{11} & \frac{2}{11} \end{pmatrix}.$$

2. **Cayley–Hamilton: Die noble Eskapade mit Charakter:** Jede Matrix schreibt ihr eigenes Drehbuch: Unser charakteristisches Polynom berechnet sich so:

$$p(\lambda) = \det(A - \lambda I) = \det \begin{pmatrix} 1 - \lambda & 2 & 3 \\ 0 & 4 - \lambda & 5 \\ 1 & 0 & 6 - \lambda \end{pmatrix} = -\lambda^3 + 11\lambda^2 - 31\lambda + 22.$$

Der Satz von Cayley–Hamilton besagt jetzt[47]:

$$- A^3 + 11A^2 - 31A + 22I = 0.$$

---

[47] Zu merken ist hier, dass eine Matrix in ihre eigene charakteristische Gleichung eingesetzt werden kann und dann kommt null raus (mathematischer ausgedrückt: Die Matrix erfüllt ihre eigene charakteristische Gleichung).

Um A^{-1} zu bestimmen, formen wir um zu

$$A^3 - 11A^2 + 31A - 22I = 0 \implies 22A^{-1} = A^2 - 11A + 31I$$
$$\implies A^{-1} = \frac{1}{22}(A^2 - 11A + 31I).$$

In unserem Beispiel geht's nun so weiter:

$$A^2 = \begin{pmatrix} 1 & 2 & 3 \\ 0 & 4 & 5 \\ 1 & 0 & 6 \end{pmatrix}^2 = \begin{pmatrix} 4 & 10 & 31 \\ 5 & 16 & 50 \\ 7 & 2 & 39 \end{pmatrix},$$

also

$$A^{-1} = \frac{1}{22}\left(\begin{pmatrix} 4 & 10 & 31 \\ 5 & 16 & 50 \\ 7 & 2 & 39 \end{pmatrix} - 11 \begin{pmatrix} 1 & 2 & 3 \\ 0 & 4 & 5 \\ 1 & 0 & 6 \end{pmatrix} + 31I \right) = \begin{pmatrix} \frac{12}{11} & \frac{-6}{11} & \frac{-1}{11} \\ \frac{5}{22} & \frac{3}{22} & \frac{-5}{22} \\ \frac{-2}{11} & \frac{1}{11} & \frac{2}{11} \end{pmatrix}.$$

Was mit unserem obigen Beispiel übereinstimmt

3. **Gauß–Jordan: Der pragmatische Straßengrabenansatz:** Für alle, die lieber baggern als puzzeln: Stellen Sie sich vor, Sie graben in der Matrix einen Graben – links sitzt A, rechts chillt I. Mit Zeilenoperationen (im Folgenden Z_i für die i-te Zeile) wird links I und rechts A^{-1}.

Wir starten mit

$$[A \mid I] = \left[\begin{pmatrix} 1 & 2 & 3 \\ 0 & 4 & 5 \\ 1 & 0 & 6 \end{pmatrix} \mid \begin{pmatrix} 1 & 0 & 0 \\ 0 & 1 & 0 \\ 0 & 0 & 1 \end{pmatrix} \right].$$

(a) $Z_3 \to Z_3 - Z_1$ liefert $\begin{pmatrix} 1 & 2 & 3 \\ 0 & 4 & 5 \\ 0 & -2 & 3 \end{pmatrix} \mid \begin{pmatrix} 1 & 0 & 0 \\ 0 & 1 & 0 \\ -1 & 0 & 1 \end{pmatrix}.$

(b) $Z_2 \leftrightarrow Z_3$ (Tausch 2 und 3): $\begin{pmatrix} 1 & 2 & 3 \\ 0 & -2 & 3 \\ 0 & 4 & 5 \end{pmatrix} \mid \begin{pmatrix} 1 & 0 & 0 \\ -1 & 0 & 1 \\ 0 & 1 & 0 \end{pmatrix}.$

(c) $Z_2 \to -\frac{1}{2}Z_2$: $\begin{pmatrix} 1 & 2 & 3 \\ 0 & 1 & -\frac{3}{2} \\ 0 & 4 & 5 \end{pmatrix} \mid \begin{pmatrix} 1 & 0 & 0 \\ \frac{1}{2} & 0 & -\frac{1}{2} \\ 0 & 1 & 0 \end{pmatrix}.$

(d) $Z_1 \to Z_1 - 2Z_2, Z_3 \to Z_3 - 4Z_2$: $\begin{pmatrix} 1 & 0 & 6 \\ 0 & 1 & -\frac{3}{2} \\ 0 & 0 & 11 \end{pmatrix} \mid \begin{pmatrix} 0 & 0 & 1 \\ \frac{1}{2} & 0 & -\frac{1}{2} \\ -2 & 1 & 2 \end{pmatrix}.$

(e) $Z_3 \to \frac{1}{11} Z_3$:
$$\begin{pmatrix} 1 & 0 & 6 \\ 0 & 1 & -\frac{3}{2} \\ 0 & 0 & 1 \end{pmatrix} \;\Bigg|\; \begin{pmatrix} 0 & 0 & 1 \\ \frac{1}{2} & 0 & -\frac{1}{2} \\ -\frac{2}{11} & \frac{1}{11} & \frac{2}{11} \end{pmatrix}.$$

(f) Rückwärtseinsetzen: $Z_1 \to Z_1 - 6Z_3$, $Z_2 \to Z_2 + \frac{3}{2} Z_3$ ergibt schließlich $[I \mid$

$$A^{-1}] = \left[I \;\Bigg|\; \begin{pmatrix} -6 \cdot (-\frac{2}{11}) & -6 \cdot (\frac{1}{11}) & -6 \cdot (\frac{2}{11}) + 1 \\ \frac{1}{2} + \frac{3}{2}(-\frac{2}{11}) & 0 + \frac{3}{2}(\frac{1}{11}) & -\frac{1}{2} + \frac{3}{2}(\frac{2}{11}) \\ -\frac{2}{11} & \frac{1}{11} & \frac{2}{11} \end{pmatrix} \right], \text{ was nach Ver-}$$

einfachung genau das Ergebnis aus Methode 1 und 2 liefert[48].

… Eigenwerte und Eigenvektoren berechnen

1. Die Matrix Gegeben sei die Matrix

$$A = \begin{pmatrix} 1 & 2 & -1 \\ 0 & 3 & 0 \\ -1 & 2 & 1 \end{pmatrix}.$$

2. Das charakteristische Polynom Um die Eigenwerte zu finden, müssen wir das charakteristische Polynom bestimmen. Dazu berechnen wir die Determinante von $A - \lambda I$, wobei I die Einheitsmatrix ist und λ der Eigenwert:

$$\det(A - \lambda I) = \det \begin{pmatrix} 1 - \lambda & 2 & -1 \\ 0 & 3 - \lambda & 0 \\ -1 & 2 & 1 - \lambda \end{pmatrix}.$$

Nach Anwendung der Regel von Sarrus erhalten wir:

$$\det(A - \lambda I) = -\lambda^3 + 5\lambda^2 - 6\lambda.$$

3. Eigenwerte berechnen Nun lösen wir das charakteristische Polynom nach λ auf:

$$-\lambda^3 + 5\lambda^2 - 6\lambda = 0.$$

Durch Ausprobieren (oder mit einem Taschenrechner, wenn wir faul sind) finden wir:

$$\lambda_1 = 0, \quad \lambda_2 = 2, \quad \lambda_3 = 3.$$

---

[48] Man kann überlegen, warum man sich überhaupt verschiedene Methoden anschaut. Meine Idee dahinter für Sie als Lesende: Sie können sich eine Lieblingsmethode aussuchen und die dann üben.

4. Eigenvektoren berechnen Für jeden Eigenwert λ lösen wir nun das Gleichungssystem $(A - \lambda I)\mathbf{v} = 0$, um die zugehörigen Eigenvektoren zu finden.

Für $\lambda_1 = 0$:

$$(A - 0I)\mathbf{v} = 0,$$

$$\begin{pmatrix} 1 & 2 & -1 \\ 0 & 3 & 0 \\ -1 & 2 & 1 \end{pmatrix} \begin{pmatrix} v_1 \\ v_2 \\ v_3 \end{pmatrix} = 0.$$

Dies ergibt das Gleichungssystem:

$$\begin{cases} v_1 + 2v_2 - v_3 = 0, \\ 3v_2 = 0, \\ -v_1 + 2v_2 + v_3 = 0. \end{cases}$$

Aus der zweiten Gleichung folgt $v_2 = 0$. Setzen wir das in die anderen beiden Gleichungen ein, erhalten wir:

$$\begin{cases} v_1 - v_3 = 0, \\ -v_1 + v_3 = 0. \end{cases}$$

Eine mögliche Lösung[49] ist:

$$\mathbf{v}_1 = \begin{pmatrix} 1 \\ 0 \\ 1 \end{pmatrix}.$$

Für $\lambda_2 = 2$:

$$(A - 2I)\mathbf{v} = 0,$$

$$\begin{pmatrix} -1 & 2 & -1 \\ 0 & 1 & 0 \\ -1 & 2 & -1 \end{pmatrix} \begin{pmatrix} v_1 \\ v_2 \\ v_3 \end{pmatrix} = 0.$$

Dies ergibt das Gleichungssystem:

$$\begin{cases} -v_1 + 2v_2 - v_3 = 0, \\ v_2 = 0, \\ -v_1 + 2v_2 - v_3 = 0. \end{cases}$$

---

[49] Es gibt unendlich viele Lösungen!

Aus der zweiten Gleichung folgt $v_2 = 0$. Setzen wir das in die anderen beiden Gleichungen ein, erhalten wir:

$$\begin{cases} -v_1 - v_3 = 0, \\ -v_1 - v_3 = 0. \end{cases}$$

Eine mögliche Lösung[50] ist:

$$\mathbf{v}_2 = \begin{pmatrix} -1 \\ 0 \\ 1 \end{pmatrix}.$$

Für $\lambda_3 = 3$:

$$(A - 3I)\mathbf{v} = 0,$$

$$\begin{pmatrix} -2 & 2 & -1 \\ 0 & 0 & 0 \\ -1 & 2 & -2 \end{pmatrix} \begin{pmatrix} v_1 \\ v_2 \\ v_3 \end{pmatrix} = 0.$$

Dies ergibt das Gleichungssystem:

$$\begin{cases} -2v_1 + 2v_2 - v_3 = 0, \\ 0 = 0, \\ -v_1 + 2v_2 - 2v_3 = 0. \end{cases}$$

Eine mögliche Lösung[51] ist:

$$\mathbf{v}_3 = \begin{pmatrix} 1 \\ \frac{3}{2} \\ 1 \end{pmatrix}.$$

Also, die Eigenvektoren sind:

$$\mathbf{v}_1 = \begin{pmatrix} 1 \\ 0 \\ 1 \end{pmatrix}, \mathbf{v}_2 = \begin{pmatrix} -1 \\ 0 \\ 1 \end{pmatrix} \text{ und } \mathbf{v}_3 = \begin{pmatrix} 1 \\ \frac{3}{2} \\ 1 \end{pmatrix}.$$

▶ **Hinweis zur Frage: Was, wenn ein Eigenwert mehrfach vorkommt?** Wenn ein Eigenwert λ mehrfach vorkommt (mathematisch gesprochen: wenn eine algebraische Vielfachheit größer als 1 vorliegt), müssen die Eigenvektoren mit bedacht gewählt werden, sodass sie linear unabhängig sind. Falls man mal an so einem Punkt ankommt: Augen auf und auch mal im Internet schauen.

---

[50] Es gibt wieder unendlich viele Lösungen!
[51] Es gibt auch hier unendlich viele Lösungen!

… Matrixexponential berechnen

Gegeben sei (irgend-)eine[52] Matrix, zum Beispiel diese:

$$A = \begin{pmatrix} 0 & 1 & 0 \\ 0 & 0 & 1 \\ 0 & 0 & 0 \end{pmatrix}$$

Das sogenannte **Matrixexponential** von A ist definiert als

$$e^A = \sum_{n=0}^{\infty} \frac{1}{n!} A^n = I + A + \frac{1}{2!} A^2 + \frac{1}{3!} A^3 + \dots$$

3. Berechnung der Potenzen von A:

$$A^1 = A = \begin{pmatrix} 0 & 1 & 0 \\ 0 & 0 & 1 \\ 0 & 0 & 0 \end{pmatrix}, \quad A^2 = A \cdot A = \begin{pmatrix} 0 & 0 & 1 \\ 0 & 0 & 0 \\ 0 & 0 & 0 \end{pmatrix}, \quad A^3 = A \cdot A^2 = \begin{pmatrix} 0 & 0 & 0 \\ 0 & 0 & 0 \\ 0 & 0 & 0 \end{pmatrix} = 0.$$

Da $A^3 = 0$, endet die unendlich lange Summe des Matrixexponentials nach dem zweiten Summanden.

Setzen wir die berechneten Potenzen in die Definition des Matrixexponential ein:

$$e^A = I + A + \frac{1}{2!} A^2 = \begin{pmatrix} 1 & 0 & 0 \\ 0 & 1 & 0 \\ 0 & 0 & 1 \end{pmatrix} + \begin{pmatrix} 0 & 1 & 0 \\ 0 & 0 & 1 \\ 0 & 0 & 0 \end{pmatrix} + \frac{1}{2} \begin{pmatrix} 0 & 0 & 1 \\ 0 & 0 & 0 \\ 0 & 0 & 0 \end{pmatrix}$$

$$e^A = \begin{pmatrix} 1 & 1 & \frac{1}{2} \\ 0 & 1 & 1 \\ 0 & 0 & 1 \end{pmatrix}.$$

Nett hier ist eigentlich, dass man einfach Matrizen aufaddieren kann. Dies begegnet einem zum Beispiel bei Symmetrien in der Quantenmechanik und ist daher hier als eine kleiner Fingerübung im Umgang mit Matrizen zu verstehen[53].

---

[52] Wir nutzen hier ausschließlich sogenannte „nilpotente" Matrizen, also Matrizen die man ganz oft multiplizieren kann und dann irgendwann nur noch eine Nullmatrix bekommt.

[53] Fragen Sie sich gerne einmal mit Blick auf die Quantenmechanik was passieren kann, wenn man Funktionen in der Matrix hat und dann vielleicht unendlich viele Summanden in der Matrix hätte (und das fasst man dann wieder als eine Art Taylor-Reihe auf) …

... Lineare Gleichungssysteme lösen

Lösen eines LGS mit Matrixinversion Ein LGS $A\mathbf{x} = \mathbf{b}$ wird geknackt durch

$$\mathbf{x} = A^{-1}\mathbf{b},$$

(natürlich nur, wenn A^{-1} existiert).

Beispiel (3 $\times$ 3): Betrachte

$$A = \begin{pmatrix} 2 & 3 & -1 \\ 1 & 1 & 1 \\ -3 & -4 & 3 \end{pmatrix}, \quad \mathbf{b} = \begin{pmatrix} 5 \\ 6 \\ -5 \end{pmatrix}.$$

Man findet für die Inverse (mit den erklärten Verfahren)

$$A^{-1} = \begin{pmatrix} \frac{-7}{3} & \frac{5}{3} & \frac{-4}{3} \\ 2 & -1 & 1 \\ \frac{1}{3} & \frac{1}{3} & \frac{1}{3} \end{pmatrix}$$

und somit

$$\mathbf{x} = A^{-1}\mathbf{b} = \begin{pmatrix} 5 \\ -1 \\ 2 \end{pmatrix}.$$

2.7.2   Aufgaben

Beispiel

Aufgabenbeispiel 1 Gegeben seien

$$A = \begin{pmatrix} 3 & -4 \\ 2 & 1 \end{pmatrix}, \quad \vec{a} = \begin{pmatrix} 2 \\ 5 \end{pmatrix}.$$

a) Wir berechnen:

$$\vec{b} = A \cdot \vec{a} = \begin{pmatrix} 3 & -4 \\ 2 & 1 \end{pmatrix} \begin{pmatrix} 2 \\ 5 \end{pmatrix} = \begin{pmatrix} 3 \cdot 2 + (-4) \cdot 5 \\ 2 \cdot 2 + 1 \cdot 5 \end{pmatrix} = \begin{pmatrix} -14 \\ 9 \end{pmatrix}.$$

Das äußere Produkt (dyadisches Produkt) ergibt:

$$\vec{a} \otimes \vec{a} = \begin{pmatrix} 2 \\ 5 \end{pmatrix} \otimes \begin{pmatrix} 2 \\ 5 \end{pmatrix} = \begin{pmatrix} 4 & 10 \\ 10 & 25 \end{pmatrix}.$$

b) Die Inverse von A ist gegeben durch:

$$A^{-1} = \frac{1}{\det A} \begin{pmatrix} 1 & 4 \\ -2 & 3 \end{pmatrix} \quad \text{mit} \quad \det A = 3 \cdot 1 - (-4) \cdot 2 = 3 + 8 = 11$$

$$\Rightarrow A^{-1}$$

$$= \frac{1}{11} \begin{pmatrix} 1 & 4 \\ -2 & 3 \end{pmatrix}.$$

Lösung des Gleichungssystems:

$$\vec{x} = A^{-1}\vec{a} = \frac{1}{11} \begin{pmatrix} 1 & 4 \\ -2 & 3 \end{pmatrix} \begin{pmatrix} 2 \\ 5 \end{pmatrix} = \frac{1}{11} \begin{pmatrix} 1 \cdot 2 + 4 \cdot 5 \\ -2 \cdot 2 + 3 \cdot 5 \end{pmatrix} = \frac{1}{11} \begin{pmatrix} 22 \\ 11 \end{pmatrix} = \begin{pmatrix} 2 \\ 1 \end{pmatrix}.$$

c)

$$\det A = 11, \quad \det(A^2) = (\det A)^2 = 121.$$

Die transponierte Matrix:

$$A^T = \begin{pmatrix} 3 & 2 \\ -4 & 1 \end{pmatrix}, \quad (A^T)^{-1} = (A^{-1})^T = \left(\frac{1}{11} \begin{pmatrix} 1 & 4 \\ -2 & 3 \end{pmatrix} \right)^T = \frac{1}{11} \begin{pmatrix} 1 & -2 \\ 4 & 3 \end{pmatrix}.$$

d) Die Eigenwerte λ sind Lösungen der charakteristischen Gleichung:

$$\det(A - \lambda I) = \begin{vmatrix} 3 - \lambda & -4 \\ 2 & 1 - \lambda \end{vmatrix} = (3 - \lambda)(1 - \lambda) + 8 = \lambda^2 - 4\lambda + 11 = 0.$$

Die Eigenwerte sind:

$$\lambda_{1,2} = \frac{4}{2} \pm \frac{\sqrt{(-4)^2 - 4 \cdot 1 \cdot 11}}{2} = 2 \pm \sqrt{-7} = 2 \pm i\sqrt{7}.$$

Die Eigenwerte sind also komplex und die Eigenvektoren lassen sich durch Einsetzen der Eigenwerte in $(A - \lambda I)\vec{v} = 0$ berechnen.

Aufgabenbeispiel 2 Gegeben sei die Matrix

$$B = \begin{pmatrix} 0 & 2 & 7 \\ 0 & 0 & 3 \\ 0 & 0 & 0 \end{pmatrix}.$$

a) Berechnung von B^i:

$$B^1 = B,$$

$$B^2 = B \cdot B = \begin{pmatrix} 0 & 0 & 6 \\ 0 & 0 & 0 \\ 0 & 0 & 0 \end{pmatrix},$$

$$B^3 = B \cdot B^2 = \begin{pmatrix} 0 & 0 & 0 \\ 0 & 0 & 0 \\ 0 & 0 & 0 \end{pmatrix}.$$

b) Die Matrix ist nilpotent, da $B^3 = 0$. Daher ergibt sich die Matrixexponentialreihe durch

$$\exp(B) = I + B + \frac{1}{2!}B^2 = \begin{pmatrix} 1 & 0 & 0 \\ 0 & 1 & 0 \\ 0 & 0 & 1 \end{pmatrix} + \begin{pmatrix} 0 & 2 & 7 \\ 0 & 0 & 3 \\ 0 & 0 & 0 \end{pmatrix} + \frac{1}{2}\begin{pmatrix} 0 & 0 & 6 \\ 0 & 0 & 0 \\ 0 & 0 & 0 \end{pmatrix} = \begin{pmatrix} 1 & 2 & 10 \\ 0 & 1 & 3 \\ 0 & 0 & 1 \end{pmatrix}.$$

Aufgabenbeispiel 3 Gegeben seien die beiden Matrizen

$$C = \begin{pmatrix} 10 & 1 & 3 \\ 8 & 2 & 0 \\ 2 & 4 & 0 \end{pmatrix}, \quad D = \begin{pmatrix} 13 & -4 & -13 \\ -30 & -3 & 3 \\ -8 & -8 & 1 \end{pmatrix}.$$

a) Berechnen Sie $M = 2 \cdot C + D$.
Zuerst berechnen wir $2 \cdot C$:

$$2 \cdot C = \begin{pmatrix} 20 & 2 & 6 \\ 16 & 4 & 0 \\ 4 & 8 & 0 \end{pmatrix}.$$

Nun addieren wir D:

$$M = \begin{pmatrix} 20 & 2 & 6 \\ 16 & 4 & 0 \\ 4 & 8 & 0 \end{pmatrix} + \begin{pmatrix} 13 & -4 & -13 \\ -30 & -3 & 3 \\ -8 & -8 & 1 \end{pmatrix} = \begin{pmatrix} 33 & -2 & -7 \\ -14 & 1 & 3 \\ -4 & 0 & 1 \end{pmatrix}.$$

b) Bestimmen Sie dann M^{-1}.
Lösung: Wir berechnen M^{-1} über die Adjunktmethode oder das Gauß-Jordan-Verfahren. Hier verwenden wir das Gauß-Jordan-Verfahren. Wir schreiben die erweiterte Matrix:

$$\left(\begin{array}{ccc|ccc} 33 & -2 & -7 & 1 & 0 & 0 \\ -14 & 1 & 3 & 0 & 1 & 0 \\ -4 & 0 & 1 & 0 & 0 & 1 \end{array} \right).$$

Durch sukzessive Anwendung von Zeilenumformungen (z. B. Umsortieren, Additionen, Skalierungen) erhalten wir die Inverse. Das Ergebnis ist:

$$M^{-1} = \begin{pmatrix} 1 & 2 & 1 \\ 2 & 5 & -1 \\ 4 & 8 & 5 \end{pmatrix}. \quad \blacktriangleleft$$

Aufgabenteil 1

Aufgabe 1.1 Bestimmen Sie die Inverse der Matrix

$$A = \begin{pmatrix} 1 & 2 & 3 \\ 3 & 4 & 2 \\ 3 & 2 & 1 \end{pmatrix}.$$

Aufgabe 1.2 Gegeben seien die beiden Matrizen

$$A = \begin{pmatrix} 1 & 2 & 3 \\ 0 & 1 & 0 \\ -2 & 1 & 4 \end{pmatrix} \quad B = \begin{pmatrix} 3 & -2 & 1 \\ 1 & 2 & -3 \\ 2 & 3 & 1 \end{pmatrix}.$$

- Bestimmen Sie den sogenannten Kommutator

$$[A, B] = AB - BA.$$

- Prüfen Sie, ob die beiden Matrizen invertierbar sind.

Aufgabe 1.3 Gegeben seien die beiden Matrizen

$$A = \begin{pmatrix} 1 & 2 \\ 0 & 1 \\ -2 & 1 \end{pmatrix} \quad B = \begin{pmatrix} 3 & -2 & 1 \\ 1 & 2 & -3 \end{pmatrix}.$$

- Berechnen Sie BA.
- Machen Sie sich bewusst, dass AB nicht berechnet werden kann. ◄

Aufgabenteil 2

Aufgabe 2.1 Zeigen Sie anhand des Matrixexponentials für dreidimensionale Matrizen, dass gilt

- $e^0 = I$,
- $e^{aA} \cdot e^{bA} = e^{(a+b)A}$,

wobei a und b Zahlen und A eine Matrix sind.

Aufgabe 2.2 Zeigen Sie[54], dass

$$\frac{\mathrm{d}}{\mathrm{d}t} e^{At} = A e^{At}. \quad \blacktriangleleft$$

2.8 Taylor-Näherung

Taylor-Reihen sind eine Möglichkeit, Funktionen durch Potenzreihen darzustellen. Das klingt zunächst abstrakt, ist aber in der Praxis oft sehr hilfreich: In vielen Fällen lassen sich Funktionen so deutlich einfacher behandeln als in ihrer ursprünglichen, komplexen Form. Dabei geht es nicht darum, die gesamte Funktion exakt zu berechnen, sondern sie durch eine Annäherung in der Nähe eines bestimmten Punktes zu vereinfachen.

Kurz gesagt: Taylor-Reihen sind ein zentrales Werkzeug, um in der Physik mit komplexen Funktionen und Problemen umzugehen – vor allem dann, wenn exakte Lösungen zu aufwendig oder gar nicht möglich sind. Und wer einmal in die Welt der Funktionen und Kurven eingetaucht ist, weiß: Eine Funktion zu verstehen, bedeutet oft, die Steigung, die Krümmung und das Verhalten an einem bestimmten Punkt zu kennen. Genau hier setzt die Taylor-Entwicklung an.

Beispiel

Aufgabenbeispiel 1 Entwickeln Sie die folgenden beiden Funktionen jeweils in einer Mclaurin-Reihe (also einer Taylor-Reihe mit $x_0 = 0$):

a) $f(x) = \mathrm{e}^x$

b) $g(x) = \ln(x + 1)$

Hinweis: Notieren Sie die ersten N Glieder der Taylor-Entwicklung und erkennen Sie die „Struktur" der Glieder, um eine allgemeine Gleichung für die Reihe zu finden. Sie müssen dieses Resultat nicht beweisen! Wählen Sie bspw. $N < 8$, bis Sie die Struktur erkennen.

Aufgabenbeispiel 2 Zeigen Sie mithilfe von Taylor-Reihen, dass

$$e^{ix} = \cos(x) + i \sin(x).$$

---

[54] Rechnen Sie einfach mal drauf los und probieren Sie ein bisschen herum!

Aufgabenbeispiel 3 In der speziellen Relativitätstheorie ist die Energie eines mit Geschwindigkeit v bewegten Körpers der Masse m durch

$$E(v) = \frac{mc^2}{\sqrt{1 - \frac{v^2}{c^2}}}$$

gegeben, wobei c die Lichtgeschwindigkeit ist. Taylor-entwickeln Sie diesen Ausdruck für kleine Geschwindigkeiten bis zur zweiten Ordnung (heißt: die ersten drei Terme). Interpretieren Sie die Terme. ◄

2.8.1 How to …

… Taylor-Entwicklung berechnen
Schritt-für-Schritt-Anleitung zur Taylor-Entwicklung

1. **Bestimmung des Entwicklungspunktes:** Wählen Sie einen Punkt x_0, um den Sie die Funktion entwickeln möchten. Dieser Punkt sollte idealerweise ein Punkt sein, an dem die Funktion gut definiert ist und die Ableitungen existieren.
2. **Berechnung der Ableitungen:** Bestimmen Sie die ersten n Ableitungen der Funktion $f(x)$ an der Stelle x_0. Diese Ableitungen geben Aufschluss über das lokale Verhalten der Funktion.
3. **Aufstellung der Taylor-Reihe:** Setzen Sie die berechneten Ableitungen in die allgemeine Formel der Taylor-Reihe ein:

$$f(x) = \sum_{n=0}^{\infty} \frac{f^{(n)}(x_0)}{n!}(x - x_0)^n.$$

Dies ergibt eine unendliche Reihe, die die Funktion in der Nähe von x_0 beschreibt.
4. **Trunkation (Kürzung) der Reihe:** In der Praxis ist es oft nicht möglich, die gesamte unendliche Reihe zu berechnen. Daher schneidet man die Reihe nach einer endlichen Anzahl von Termen ab. Die resultierende Näherung ist:

$$f(x) \approx T_n(x) := \sum_{k=0}^{n} \frac{f^{(k)}(x_0)}{k!}(x - x_0)^k.$$

Je mehr Terme berücksichtigt werden, desto genauer ist die Näherung.

▶ **Exkurs: Das Lagrange-Restglied** Für diejenigen, die sich für die Genauigkeit
ihrer Näherung interessieren, gibt es beispielsweise das sogenannte Lagrange-
Restglied. Dieses gibt an, wie groß der Fehler ist, wenn die Reihe nach n Termen
abgeschnitten wird. Es lautet:

$$R_n(x) = \frac{f^{(n+1)}(\xi)}{(n+1)!}(x - x_0)^{n+1},$$

wobei ξ ein Punkt zwischen x_0 und x ist. In der theoretischen Physik wird dieses
Restglied selten benötigt, da man in der Regel mit Näherungen arbeitet, deren
Genauigkeit ausreichend ist. Mathematiker hingegen schätzen solche präzisen
Restabschätzungen.

▶ **Tipp** Bei häufigen Funktionen wie e^x, $\sin(x)$, $\cos(x)$, $\ln(1 + x)$ usw. gibt es
bekannte Taylor-Reihen. Diese könnte man direkt rechnen (siehe Aufgaben)
oder auswendig lernen, um schneller zu sein!

2.8.2   Aufgaben

Beispiel

Aufgabenbeispiel 1 – Musterlösung Entwickeln Sie die folgenden beiden Funktionen
jeweils in einer Mclaurin-Reihe (also einer Taylor-Reihe mit $x_0 = 0$):

a) $f(x) = e^x$

$$f(x) = \sum_{n=0}^{\infty} \frac{x^n}{n!} = 1 + x + \frac{x^2}{2!} + \frac{x^3}{3!} + \frac{x^4}{4!} + \frac{x^5}{5!} + \frac{x^6}{6!} + \cdots$$

Die Struktur ist klar erkennbar:

$$f^{(n)}(x) = e^x \Rightarrow f^{(n)}(0) = 1, \text{ also } \frac{f^{(n)}(0)}{n!}x^n = \frac{x^n}{n!}.$$

b) $g(x) = \ln(1 + x)$

$$g(x) = \sum_{n=1}^{\infty} (-1)^{n+1} \frac{x^n}{n} = x - \frac{x^2}{2} + \frac{x^3}{3} - \frac{x^4}{4} + \frac{x^5}{5} - \frac{x^6}{6} + \cdots$$

Auch hier erkennt man die Struktur:

$$g^{(n)}(0) = (-1)^{n+1}(n-1)! \Rightarrow \frac{g^{(n)}(0)}{n!}x^n = (-1)^{n+1}\frac{x^n}{n}.$$

Aufgabenbeispiel 2 – Musterlösung Zeigen Sie mithilfe von Taylor-Reihen, dass

$$e^{ix} = \cos(x) + i\sin(x).$$

Lösung: Wir verwenden die Taylor-Reihe für e^{ix}:

$$e^{ix} = \sum_{n=0}^{\infty}\frac{(ix)^n}{n!} = \sum_{n=0}^{\infty}\frac{i^n x^n}{n!}.$$

Nun trennen wir die Summen nach geraden und ungeraden Potenzen:

$$= \sum_{k=0}^{\infty}\frac{(ix)^{2k}}{(2k)!} + \sum_{k=0}^{\infty}\frac{(ix)^{2k+1}}{(2k+1)!}$$

$$= \sum_{k=0}^{\infty}\frac{(-1)^k x^{2k}}{(2k)!} + i\sum_{k=0}^{\infty}\frac{(-1)^k x^{2k+1}}{(2k+1)!}$$

$$= \cos(x) + i\sin(x).$$

Aufgabenbeispiel 3 – Musterlösung In der speziellen Relativitätstheorie ist die Energie eines mit Geschwindigkeit v bewegten Körpers der Masse m durch

$$E(v) = \frac{mc^2}{\sqrt{1 - \frac{v^2}{c^2}}}$$

gegeben. Taylor-entwickeln Sie diesen Ausdruck für kleine Geschwindigkeiten bis zur zweiten Ordnung.

Lösung:
Setze $\varepsilon = \frac{v^2}{c^2}$, dann gilt:

$$E(v) = mc^2 \cdot (1-\varepsilon)^{-1/2}.$$

Wir entwickeln die Funktion $f(\varepsilon) = (1-\varepsilon)^{-1/2}$ in einer Taylor-Reihe um $\varepsilon = 0$:

$$(1-\varepsilon)^{-1/2} = 1 + \frac{1}{2}\varepsilon + \frac{3}{8}\varepsilon^2 + \dots$$

Rücksubstitution:

$$E(v) = mc^2 \left(1 + \frac{1}{2}\frac{v^2}{c^2} + \frac{3}{8}\left(\frac{v^2}{c^2}\right)^2 + \ldots \right).$$

Bis zur zweiten Ordnung:

$$E(v) \approx mc^2 + \frac{1}{2}mv^2 + \frac{3}{8}\frac{mv^4}{c^2}.$$

Interpretation: Der erste Term ist die Ruheenergie, der zweite Term ist die klassische kinetische Energie, der dritte ist eine relativistische Korrektur. ◄

Aufgabenteil 1

Aufgabe 1.1 Bestimmen Sie die Taylor-Reihe der Funktion $f(x) = \frac{1}{1-x}$ am Entwicklungspunkt 0.

Aufgabe 1.2 Bestimmen Sie die Taylor-Reihe der Funktion $f(x) = \sqrt{1+x}$ am Entwicklungspunkt 0. ◄

Aufgabenteil 2

Aufgabe 2.1 Eine häufige Funktion zur Beschreibung der Wechselwirkung von zwei Molekülen oder Atomen mit Abstand r ist das Lennard-Jones–Potenzial

$$U(r) = \frac{B}{r^{12}} - \frac{A}{r^6}$$

mit den Koeffizienten $A = 4\epsilon\sigma^6$ und $B = 4\epsilon\sigma^{12}$.

a) Bestimmen Sie den Abstand r_m in welchem das Potenzial $U(r)$ am geringsten ist und bestimmen Sie darüber hinaus $U(r_m)$.

b) Bestimmen Sie die Taylor-Reihe des Potenzials $U(r)$ bis zur zweiten Ordnung an der Entwicklungsstelle r_m (sog. „harmonische Näherung")

c) Vergleichen Sie den Term 2. Ordnung der Taylor-Entwicklung mit dem harmonischen Potenzial eines Federschwingers! Bestimmen Sie nun die Federkonstante k für Argon. ($\epsilon = 167 \cdot 10^{-23}$ J, $\sigma = 340 \cdot 10^{-12}$ m, und $r_m = 378 \cdot 10^{-12}$ m)

d) Erklären Sie anhand der Aufgabe die Nutzung der Taylor-Entwicklung in der Physik *(Stichworte: „Modellbildung", „Modellgrenzen", „… sieht in der ersten Näherung aus, wie …")*

Aufgabe 2.2 Für die Schwingungsperiode eines physikalischen Pendels der Länge l im homogenen Schwerefeld der Erde (Erdbeschleunigung g) als Funktion der Amplitude A gilt:

$$T(A) = 4\sqrt{\frac{l}{g}} \int_0^{\pi/2} \frac{\mathrm{d}x}{\sqrt{1 - (\sin^2(A/2) \cdot \sin^2(x))}}.$$

Man berechne das Integral näherungsweise für kleine A bis zur vierten Ordnung in A und skizziere in dieser Näherung $T(A)$[55]. ◄

2.9 Fourier-Transformation

In der Physik begegnen uns ständig periodische oder schwingende Signale – sei es in der Akustik, Optik, Quantenmechanik oder Elektrodynamik. Diese Phänomene sind so allgegenwärtig wie der Versuch, den Kaffee am Morgen in Ruhe zu genießen, ohne dass einem das Leben dazwischenfunkt. Doch keine Sorge, die Fourier-Transformation kommt zur Rettung.

Stellen Sie sich vor, Sie haben ein komplexes Signal, das sich wie ein chaotisches Durcheinander von Tönen anhört. Die Fourier-Transformation hilft dabei, dieses Durcheinander in seine Einzelteile zu zerlegen – ähnlich wie das Entwirren von Kopfhörerkabeln, die sich über Nacht von selbst verknoten. Sie zeigt uns, welche Frequenzen in unserem Signal stecken und in welchem Verhältnis sie zueinander stehen.

Indem wir die Frequenzbestandteile eines Signals kennen, können wir gezielt analysieren, wie sich das System verhält. Dies ist besonders nützlich, wenn wir versuchen, das Verhalten von Schwingungen zu verstehen oder Messdaten auszuwerten.

Beispiel

Aufgabenbeispiel 1 Zeigen Sie: Die Funktion

$$f(t) = e^{\left(-\frac{1}{2}t^2\right)}$$

ist – bis auf einen Vorfaktor – invariant (d. h. unverändert) unter Fourier-Transformation.

Aufgabenbeispiel 2 Sei $f(x)$ eine Sägezahnfunktion, gegeben durch $f(x) = x$ für $-\pi < x < \pi$, $f(\pm\pi) = 0$ und $f(x + 2\pi) = f(x)$.

a) Skizzieren Sie die Funktion $f(x)$ im Intervall $[-5\pi, 5\pi]$.
b) Bestimmen Sie die Periodenlänge L aus den gegebenen Größen.

---

[55] Interessierte können auch die vorherigen Ordnungen berechnen.

c) Berechnen Sie die komplexen Fourier-Koeffizienten c_n in der Darstellung

$$\sum_{n=-\infty}^{\infty} e^{i\frac{2\pi}{L}nx} c_n.$$

Aufgabenbeispiel 3 Bestimmen Sie die Fourier-Transformierte der Funktion $f(t) = e^{-a|t|}$. ◄

2.9.1 How to …

… Fourier-Reihe berechnen

Grundprinzip Ist eine Funktion $f(t)$ periodisch mit Periode T, so kann sie durch eine Fourier-Reihe dargestellt werden:

$$f(t) = \sum_{n=-\infty}^{\infty} c_n e^{i\omega_n t} \quad \text{mit} \quad \omega_n := \frac{2\pi n}{T}$$

Die komplexen Exponentialfunktionen $e^{i\omega_n t}$ setzen sich gemäß der Euler-Formel aus Sinus- und Kosinusfunktionen zusammen:

$$e^{i\omega_n t} = \cos(\omega_n t) + i\sin(\omega_n t).$$

Berechnung der Fourier-Koeffizienten c_n Die Fourier-Koeffizienten c_n der Fourier-Reihe geben an, wie stark die Frequenz ω_n in der Funktion $f(t)$ vertreten ist. Sie werden durch das Integral

$$c_n = \frac{1}{T} \int_0^T f(t) e^{-i\omega_n t} \, dt$$

bestimmt. Dabei wird die Funktion $f(t)$ mit der komplexen Exponentialfunktion $e^{-i\omega_n t}$ multipliziert und über eine Periode integriert.

Beispiel: Rechteckfunktion Betrachte die Rechteckfunktion $f(t)$ auf dem Intervall $[0, 2\pi]$, definiert durch:

$$f(t) = \begin{cases} 1 & \text{für } 0 < t < \pi \\ 0 & \text{für } \pi < t < 2\pi \end{cases}.$$

Die Fourier-Koeffizienten c_n werden durch das Integral

$$c_n = \frac{1}{2\pi} \int_0^{2\pi} f(t)e^{-int}\, dt$$

berechnet. Dies führt zu[56]:

$$c_n = \begin{cases} 0 & \text{für gerade } n \\ \frac{1}{\pi i n} & \text{für ungerade } n \end{cases}.$$

Die Fourier-Reihe dieser Funktion besteht somit nur aus ungeraden Harmonischen.

... Fourier-Transformation berechnen

Grundprinzip Für nichtperiodische Funktionen $f(t)$ wird die Fourier-Transformation verwendet. Sie stellt die Funktion als Integral über ihre Frequenzanteile dar:

$$f(t) = \frac{1}{2\pi} \int_{-\infty}^{\infty} \tilde{f}(\omega)e^{-i\omega t}\, d\omega.$$

Die Funktion $\tilde{f}(\omega)$ ist die Fourier-Transformierte von $f(t)$ und gibt an, wie stark jede Frequenz ω in $f(t)$ vertreten ist.

Berechnung der Fourier-Transformierten $\tilde{f}(\omega)$ Die Fourier-Transformierte $\tilde{f}(\omega)$ wird durch das Integral

$$\tilde{f}(\omega) = \int_{-\infty}^{\infty} f(t)e^{i\omega t}\, dt$$

bestimmt. Dabei wird die Funktion $f(t)$ mit der komplexen Exponentialfunktion $e^{i\omega t}$ multipliziert und über das gesamte Zeitintervall integriert.

▶   **Hinweise zur Konvention** Es ist wichtig, auf die verwendeten Konventionen zu achten. Je nach Quelle können unterschiedliche Vorfaktoren auftreten, beispielsweise $\frac{1}{\sqrt{2\pi}}$ statt $\frac{1}{2\pi}$. Entscheidend ist, dass innerhalb eines Kontextes konsistent gearbeitet wird. Nehmen Sie sich gerne einen Stift und vermerken Sie hier am Rand welche Konvention Sie nutzen.

---

[56] Bitte nachrechnen und auf die Grenzen achten!

Zusammenfassung

- **Fourier-Reihe:** Für periodische Funktionen $f(t)$ mit Periode T

$$f(t) = \sum_{n=-\infty}^{\infty} c_n e^{i\omega_n t}, \quad \omega_n = \frac{2\pi n}{T},$$

$$c_n = \frac{1}{T} \int_0^T f(t) e^{-i\omega_n t}\, dt.$$

- **Fourier-Transformation:** Für nichtperiodische Funktionen $f(t) \in L^1(\mathbb{R})$:

$$\tilde{f}(\omega) = \int_{-\infty}^{\infty} f(t) e^{i\omega t}\, dt,$$

$$f(t) = \frac{1}{2\pi} \int_{-\infty}^{\infty} \tilde{f}(\omega) e^{-i\omega t}\, d\omega.$$

2.9.2   Aufgaben

Beispiel

Aufgabenbeispiel 1 Zeigen Sie: Die Funktion

$$f(t) = e^{-\frac{1}{2}t^2}$$

ist – bis auf einen Vorfaktor – invariant (d. h. unverändert) unter Fourier-Transformation.

Lösung: Die Fourier-Transformierte einer Funktion $f(t)$ ist definiert als

$$\hat{f}(\omega) = \int_{-\infty}^{\infty} f(t) e^{-i\omega t}\, dt\,.$$

Setzen wir $f(t) = e^{-\frac{1}{2}t^2}$ ein, so ergibt sich:

$$\hat{f}(\omega) = \int_{-\infty}^{\infty} e^{-\frac{1}{2}t^2} e^{-i\omega t}\, dt = \int_{-\infty}^{\infty} e^{-\frac{1}{2}t^2 - i\omega t}\, dt\,.$$

Jetzt kommt hier ein „Trick", nämlich $(t + i\omega)^2 = t^2 + 2i\omega t - \omega^2$.

$$= \int_{-\infty}^{\infty} e^{-\frac{1}{2}(t^2 + 2i\omega t)}\, dt = \int_{-\infty}^{\infty} e^{-\frac{1}{2}[(t+i\omega)^2 - \omega^2]}\, dt$$

$$= e^{-\frac{1}{2}(-\omega^2)} \int_{-\infty}^{\infty} e^{-\frac{1}{2}(t+i\omega)^2} dt = e^{\frac{\omega^2}{2}} \int_{-\infty}^{\infty} e^{-\frac{1}{2}(t+i\omega)^2} dt.$$

Es gilt [57]:

$$\int_{-\infty}^{\infty} e^{-\frac{1}{2}(t+i\omega)^2} dt = \int_{-\infty}^{\infty} e^{-\frac{1}{2}t^2} dt = \sqrt{2\pi}.$$

Somit:

$$\hat{f}(\omega) = \sqrt{2\pi} \cdot e^{-\frac{1}{2}\omega^2}.$$

Ergebnis: Die Fourier-Transformierte von $f(t) = e^{-\frac{1}{2}t^2}$ ist wieder eine Gauß-Funktion (in ω), also bis auf einen konstanten Vorfaktor invariant unter Fourier-Transformation.

Aufgabenbeispiel 2 Sei $f(x)$ eine Sägezahnfunktion, gegeben durch $f(x) = x$ für $-\pi < x < \pi$, $f(\pm\pi) = 0$ und $f(x + 2\pi) = f(x)$.

a) **Skizze:** Die Funktion ist linear im Intervall $(-\pi, \pi)$ und springt dann wieder zurück. Sie wiederholt sich alle 2π. Die Skizze ist eine periodische „Sägezahn"-Form [58].

b) **Periodenlänge:** Die Periodenlänge ist gegeben durch den Abstand, nach dem sich die Funktion wiederholt. Aus der Definition folgt:

$$L = 2\pi.$$

c) **Fourier-Koeffizienten:** Wir verwenden die Fourier-Reihe [59]:

$$c_n = \frac{1}{2\pi} \int_{-\pi}^{\pi} f(x)e^{-inx} dx = \frac{1}{2\pi} \int_{-\pi}^{\pi} xe^{-inx} dx.$$

Partielle Integration [60] mit $u = x$, $dv = e^{-inx} dx \Rightarrow v = \frac{e^{-inx}}{-in}$, $du = dx$:

$$c_n = \frac{1}{2\pi} \left[\frac{xe^{-inx}}{-in} \Big|_{-\pi}^{\pi} - \int_{-\pi}^{\pi} \frac{e^{-inx}}{-in} dx \right]$$

$$= \frac{1}{2\pi} \left[\frac{\pi e^{-in\pi} - (-\pi)e^{in\pi}}{-in} - \frac{1}{-in} \int_{-\pi}^{\pi} e^{-inx} dx \right].$$

Da $e^{-in\pi} = (-1)^n$ [61], folgt:

$$= \frac{1}{2\pi} \left[\frac{\pi(-1)^n + \pi(-1)^n}{-in} \right] = \frac{-i \cdot 2\pi(-1)^n}{2\pi n} = \frac{-i(-1)^n}{n}.$$

---

[57] Da die Integrationsgrenze über ganz $\mathbb{R}$ geht, ist die Verschiebung im Komplexen zulässig.

[58] Machen Sie sich eine Skizze!

[59] Weil periodische Funktion …

[60] Bitte nachrechnen!

[61] Sie erinnern sich an die komplexen Zahlen?

Für $n = 0$ ergibt sich:

$$c_0 = \frac{1}{2\pi} \int_{-\pi}^{\pi} x\, dx = 0.$$

Ergebnis:

$$c_n = \begin{cases} 0 & \text{für } n = 0 \\ \dfrac{-i(-1)^n}{n} & \text{für } n \neq 0 \end{cases}.$$

Aufgabenbeispiel 3 Die Fourier-Transformierte einer Funktion $f(t)$ ist gegeben durch:

$$\hat{f}(\omega) = \int_{-\infty}^{\infty} f(t) e^{-i\omega t}\, dt.$$

Da $f(t) = e^{-a|t|}$, schreiben wir das Integral getrennt für $t < 0$ und $t > 0$:

$$\hat{f}(\omega) = \int_{-\infty}^{0} e^{at} e^{-i\omega t} dt + \int_{0}^{\infty} e^{-at} e^{-i\omega t} dt$$

$$= \int_{-\infty}^{0} e^{(a-i\omega)t} dt + \int_{0}^{\infty} e^{-(a+i\omega)t} dt$$

$$= \left[\frac{1}{a - i\omega} \right] + \left[\frac{1}{a + i\omega} \right]$$

$$\Rightarrow \hat{f}(\omega) = \frac{1}{a - i\omega} + \frac{1}{a + i\omega} = \frac{(a + i\omega) + (a - i\omega)}{a^2 + \omega^2} = \frac{2a}{a^2 + \omega^2}. \quad \blacktriangleleft$$

Aufgabenteil 1

Aufgabe 1.1 Gehen Sie nochmal zu Aufgabenbeispiel 3. Zusatzaufgabe dazu: Zeigen Sie mithilfe des sog. Parseval-Theorems

$$\frac{1}{2\pi} \int_{-\pi}^{\pi} |f(t)|^2 dt = \sum_{-\infty}^{\infty} |\tilde{f}_n|^2,$$

dass

$$\sum_{n=1}^{\infty} \frac{1}{n^2} = \frac{\pi}{6}.$$

(Hinweis: Hier reicht es aus, die Funktionen $f(t)$ und $\tilde{f}(t) = f(\omega)$ in das Theorem einzusetzen und dann die Integration durchzuführen, bzw. die Summanden der Summe umzuschreiben!)

Aufgabe 1.2 Bestimme die Fourier-Transformierte von $f(t) = t^n$. $\blacktriangleleft$

Aufgabenteil 2

Aufgabe 2.1 Zeigen Sie, dass die folgenden Identitäten für die Fourier-Transformation ($\mathcal{F}$) gelten:

$$\mathcal{F}(af(t)) = a\,\hat{f}(\omega),$$

$$\mathcal{F}(f(at)) = \frac{1}{|a|}\,\hat{f}(\omega/a),$$

$$\mathcal{F}(f(t-a)) = e^{-i\omega a}\,\hat{f}(\omega),$$

$$\mathcal{F}(\partial_t f(t)) = i\omega\hat{f}(\omega).$$

Aufgabe 2.2 Betrachten Sie die sogenannte Faltung

$$(f * g)(t) := \int_{-\infty}^{\infty} f(t-\tau)g(\tau)\mathrm{d}\tau = \int_{-\infty}^{\infty} f(s)g(t-s)\mathrm{d}s.$$

Zeigen Sie, dass sie unter Fourier-Transformation ($\mathcal{F}$) zu einem Produkt wird, nämlich

$$\mathcal{F}((f * g)(t)) = \kappa \cdot \hat{f}(\omega) \cdot \hat{g}(\omega),$$

wobei κ eine Zahl ist, die sich aus der Konvention ergibt. ◄

2.10 Integralsätze von Gauß und Stokes

Die Integralsätze von Gauß und Stokes gehören zu den elegantesten und grundlegendsten Resultaten der Vektoranalysis[62]. Sie stellen Verbindungen zwischen lokalen und globalen Größen her – also zwischen dem Verhalten eines Vektorfeldes innerhalb eines Raumes oder entlang einer Fläche und dem Verhalten an dessen Rand.

Vielleicht kennen Sie bereits das Fundamentale Theorem der Integralrechnung[63], welches ein eindimensionales Integral mit den Funktionswerten an den Rändern eines Intervalls verknüpft – so berechnet man nämlich ein bestimmtes Integral. Die Sätze von Gauß und Stokes generalisieren genau diese Idee auf höhere Dimensionen.

- Der **Gauß'sche Integralsatz** verbindet das Volumenintegral der Divergenz eines Vektorfeldes mit einem Flächenintegral über den Rand des Volumens.
- Der **Satz von Stokes** stellt eine Beziehung zwischen dem Linienintegral eines Vektorfeldes entlang eines geschlossenen Randes und dem Flächenintegral der Rotation über die eingeschlossene Fläche her.

---

[62] Sie erinnern sich: div, grad, rot und unser Freund ∇ ...

[63] Schnell mal niedergeschrieben als $\int_a^b f(x)\mathrm{d}x = F(b) - F(a)$.

Diese Sätze sind nicht nur schöne mathematische Formulierungen, sondern sie spielen auch in der Physik eine zentrale Rolle – etwa bei der Formulierung der Maxwell-Gleichungen der Elektrodynamik oder der Erhaltungssätze der Strömungsmechanik[64].

In diesem Kapitel wollen wir uns ansehen, wie wir mit diesen Integralsätzen rechnerisch umgehen.

Beispiel

Aufgabenbeispiel 1 Gegeben sei das Vektorfeld

$$\vec{F}(x, y, z) = \left(x^2 + y^2 - y,\ \cos(y^2) + x,\ \ln(1 + z^2)\right)$$

und die parametrisierte Kurve

$$\gamma(t) = (r\cos(t),\ r\sin(t),\ 0)\,, \quad t \in [0, 2\pi], \quad r > 0.$$

Prüfen Sie daran den Satz von Stokes!

Aufgabenbeispiel 2 Gegeben sei das Vektorfeld

$$\vec{F}(\vec{x}) = \frac{1}{r}\vec{r}, \quad |\vec{r}| = r = \sqrt{x^2 + y^2 + z^2},$$

und die Kugeloberfläche

$$\partial V = \{(x, y, z) \in \mathbb{R}^3 \mid x^2 + y^2 + z^2 = R^2\}, \quad R > 0.$$

Berechnen Sie den Fluss des Vektorfeldes durch die Oberfläche und prüfen Sie den Satz von Gauß. Tipp: Kugelkoordinaten. ◄

Satz von Gauß
Formel:

$$\Phi = \iint_{\partial V} \vec{F} \cdot d\vec{A} = \iiint_V (\nabla \cdot \vec{F})\, dV.$$

Bedeutung: Der Satz von Gauß verbindet einen **Fluss**[65] **durch eine geschlossene Oberfläche** mit dem Verhalten des Feldes im Inneren des Volumens.

- **Linke Seite:** $\iint_{\partial V} \vec{F} \cdot d\vec{A}$ – das ist der **Gesamtfluss** des Feldes $\vec{F}$ durch die Oberfläche ∂V. Das Skalarprodukt sorgt dafür, dass nur der „nach außen gerichtete" Anteil zählt.

---

[64] Stichwort Navier-Stokes-Gleichung.

[65] Und der Fluss hat altbekanntlich das Formelzeichen Φ.

- **Rechte Seite:** $\iiint_V (\nabla \cdot \vec{F})\,dV$ – das ist das Volumenintegral der **Divergenz** von $\vec{F}$, also wie stark $\vec{F}$ „im Inneren Quellen hat".
- **Physikalisch:** Was aus dem Volumen herausfließt (Fluss), muss im Inneren entstehen (Divergenz).

Der Satz von Stokes
Formulierung:

$$\oint_{\partial A} \vec{F} \cdot d\vec{r} = \iint_A (\nabla \times \vec{F}) \cdot d\vec{A}.$$

Bedeutung: Der Satz von Stokes verbindet das **Linienintegral** eines Vektorfeldes $\vec{F}$ entlang des Randes ∂A einer Fläche A mit dem **Flächenintegral** der Rotation (des Wirbels) von $\vec{F}$ über die Fläche A.

- **Linke Seite:** $\oint_{\partial A} \vec{F} \cdot d\vec{r}$ – das ist das **Linienintegral** von $\vec{F}$ entlang des Randes ∂A. Es misst die Arbeit, die das Feld entlang des Randes verrichtet.
- **Rechte Seite:** $\iint_A (\nabla \times \vec{F}) \cdot d\vec{A}$ – das ist das **Flächenintegral** der Rotation von $\vec{F}$ über die Fläche A. Es misst die Gesamtrotation des Feldes über die Fläche.
- **Physikalische Interpretation:** Die Gesamtrotation des Feldes über die Fläche (rechte Seite) ist gleich der Arbeit, die das Feld entlang des Randes verrichtet (linke Seite), oder nochmal mit anderen Worten: Das Linienintegral entlang des Randes misst die Zirkulation des Vektorfeldes entlang der Randkurve. Das Flächenintegral der Rotation misst die Gesamtrotation des Vektorfeldes über die Fläche. Der Satz von Stokes besagt, dass diese beiden Größen gleich sind.

2.10.1 Aufgaben

Beispiel

Aufgabenbeispiel 1: Anwendung des Satzes von Stokes Gegeben sei das Vektorfeld

$$\vec{F}(x, y, z) = \left(x^2 + y^2 - y,\ \cos(y^2) + x,\ \ln(1 + z^2)\right)$$

und die parametrisierte Kurve

$$\gamma(t) = (r\cos(t),\ r\sin(t),\ 0),\quad t \in [0, 2\pi],\quad r > 0.$$

Lösung

1. Rotation des Vektorfeldes berechnen Zunächst berechnen wir die Rotation des Vektorfeldes $\vec{F}$. Die Rotation ist definiert als

$$\nabla \times \vec{F} = \left(\frac{\partial F_z}{\partial y} - \frac{\partial F_y}{\partial z}, \ \frac{\partial F_x}{\partial z} - \frac{\partial F_z}{\partial x}, \ \frac{\partial F_y}{\partial x} - \frac{\partial F_x}{\partial y} \right).$$

Setzen wir die Komponenten von $\vec{F}$ ein:

$$F_x = x^2 + y^2 - y, \quad F_y = \cos(y^2) + x, \quad F_z = \ln(1 + z^2).$$

Berechnen der partiellen Ableitungen:

$$\frac{\partial F_z}{\partial y} = 0, \quad \frac{\partial F_y}{\partial z} = 0, \quad \frac{\partial F_x}{\partial z} = 0, \quad \frac{\partial F_z}{\partial x} = 0, \quad \frac{\partial F_y}{\partial x} = 1, \quad \frac{\partial F_x}{\partial y} = 2y - 1.$$

Einsetzen in die Formel für die Rotation ergibt:

$$\nabla \times \vec{F} = (0 - 0, \ 0 - 0, \ 1 - (2y - 1)) = (0, 0, 2 - 2y).$$

2. Flächenintegral der Rotation berechnen Nun berechnen wir das Flächenintegral der Rotation über die Fläche A, die durch die Kurve γ begrenzt wird. Da γ ein Kreis im xy-Ebenen ist, parametrisieren wir die Fläche A mit

$$\vec{r}(u, v) = (r \cos(u), \ r \sin(u), \ v), \quad u \in [0, 2\pi], \quad v \in [0, h],$$

wobei h die Höhe der Fläche ist. Der Normalenvektor ist

$$\vec{n} = \left(\frac{\partial \vec{r}}{\partial u} \times \frac{\partial \vec{r}}{\partial v} \right) = (-r \sin(u), \ r \cos(u), \ 0).$$

Das Flächenintegral ist dann

$$\iint_A (\nabla \times \vec{F}) \cdot \vec{n} \, dA = \iint_A (2 - 2y) \cdot 0 \, dA = 0.$$

3. Kurvenintegral berechnen Das Kurvenintegral entlang der Kurve γ ist

$$\oint_\gamma \vec{F} \cdot d\vec{s} = \int_0^{2\pi} \vec{F}(\gamma(t)) \cdot \gamma'(t) \, dt.$$

Berechnen von $\gamma'(t)$:

$$\gamma'(t) = (-r \sin(t), \ r \cos(t), \ 0).$$

Einsetzen von $\vec{F}(\gamma(t))$ und $\gamma'(t)$ ergibt:

$$\vec{F}(\gamma(t)) = \left(r^2 \cos^2(t) + r^2 \sin^2(t) - r\sin(t),\ \cos(r^2\sin^2(t)) + r\cos(t),\ \ln(1)\right)$$
$$= \left(r^2 - r\sin(t),\ \cos(r^2\sin^2(t)) + r\cos(t),\ 0\right).$$

Das Skalarprodukt $\vec{F}(\gamma(t)) \cdot \gamma'(t)$ ergibt:

$$\vec{F}(\gamma(t)) \cdot \gamma'(t) = \left(r^2 - r\sin(t)\right)(-r\sin(t)) + \left(\cos(r^2\sin^2(t)) + r\cos(t)\right)(r\cos(t))$$
$$= -r^3\sin^2(t) + r^2\sin(t)\cos(r^2\sin^2(t)) + r^3\cos^2(t) + r^2\cos^2(t).$$

Integrieren über $t \in [0, 2\pi]$ ergibt:

$$\oint_\gamma \vec{F} \cdot d\vec{s} = \int_0^{2\pi} \left(-r^3\sin^2(t) + r^2\sin(t)\cos(r^2\sin^2(t)) + r^3\cos^2(t) + r^2\cos^2(t)\right) dt.$$

Da $\sin(t)$ und $\cos(t)$ periodische Funktionen sind, deren Integrale über ein vollständiges Periodenintervall null sind, vereinfacht sich das Integral zu:

$$\oint_\gamma \vec{F} \cdot d\vec{s} = 0.$$

4. Vergleich der Ergebnisse Da sowohl das Flächenintegral der Rotation als auch das Kurvenintegral null sind, gilt der Satz von Stokes:

$$\oint_\gamma \vec{F} \cdot d\vec{s} = \iint_A (\nabla \times \vec{F}) \cdot \vec{n}\, dA.$$

Aufgabenbeispiel 2: Anwendung des Satzes von Gauß

Gegeben sei das Vektorfeld

$$\vec{F}(\vec{x}) = \frac{1}{r}\vec{r}, \quad |\vec{r}| = r = \sqrt{x^2 + y^2 + z^2},$$

und die Kugeloberfläche

$$\partial V = \{(x, y, z) \in \mathbb{R}^3 \mid x^2 + y^2 + z^2 = R^2\}, \quad R > 0.$$

Berechnen Sie den Fluss des Vektorfeldes durch die Oberfläche und prüfen Sie den Satz von Gauß. Tipp: Kugelkoordinaten.

Lösung

1. Divergenz des Vektorfeldes berechnen Das Vektorfeld $\vec{F}(\vec{r}) = \frac{1}{r}\vec{r}$ ist radialsymmetrisch. Die Divergenz eines Vektorfeldes in Kugelkoordinaten lautet:

$$\nabla \cdot \vec{F} = \frac{1}{r^2} \frac{\partial}{\partial r} \left(r^2 F_r \right),$$

wobei F_r die radiale Komponente des Vektorfeldes ist. Für $\vec{F}(\vec{r}) = \frac{1}{r}\vec{r}$ ergibt sich:

$$F_r = \frac{1}{r} r = 1.$$

Einsetzen in die Formel für die Divergenz ergibt:

$$\nabla \cdot \vec{F} = \frac{1}{r^2} \frac{\partial}{\partial r} \left(r^2 \cdot 1 \right) = \frac{1}{r^2} \cdot 2r = \frac{2}{r}.$$

Die Divergenz des Vektorfeldes ist also $\nabla \cdot \vec{F} = \frac{2}{r}$.

2. Volumenintegral der Divergenz berechnen Nun berechnen wir das Volumenintegral der Divergenz über das Volumen V, das durch die Kugeloberfläche ∂V begrenzt wird. In Kugelkoordinaten ist das Volumenintegral gegeben durch:

$$\iiint_V (\nabla \cdot \vec{F})\, dV = \int_0^{2\pi} \int_0^{\pi} \int_0^R \left(\frac{2}{r} \right) r^2 \sin\theta \, dr \, d\theta \, d\varphi.$$

Vereinfachen des Integrals:

$$\iiint_V (\nabla \cdot \vec{F})\, dV = 2 \int_0^{2\pi} \int_0^{\pi} \int_0^R r \sin\theta \, dr \, d\theta \, d\varphi.$$

Berechnen des inneren Integrals:

$$\int_0^R r \, dr = \frac{1}{2} R^2.$$

Einsetzen in das Volumenintegral:

$$\iiint_V (\nabla \cdot \vec{F})\, dV = 2 \cdot \frac{1}{2} R^2 \int_0^{2\pi} \int_0^{\pi} \sin\theta \, d\theta \, d\varphi.$$

Berechnen der Integrale:

$$\int_0^{\pi} \sin\theta \, d\theta = 2, \qquad \int_0^{2\pi} d\varphi = 2\pi.$$

Einsetzen ergibt:

$$\iiint_V (\nabla \cdot \vec{F})\, dV = 2 \cdot \frac{1}{2} R^2 \cdot 2 \cdot 2\pi = 4\pi R^2.$$

Das Volumenintegral der Divergenz ist also $4\pi R^2$.

3. Flächenintegral des Vektorfeldes berechnen   Das Flächenintegral des Vektorfeldes $\vec{F}$ über die Oberfläche ∂V ist gegeben durch:

$$\iint_{\partial V} \vec{F} \cdot d\vec{A}.$$

In Kugelkoordinaten ist das Flächenelement auf einer Kugeloberfläche mit Radius R gegeben durch:

$$d\vec{A} = R^2 \sin\theta \, d\theta \, d\varphi \, \hat{e}_r,$$

wobei $\hat{e}_r$ der Einheitsvektor in radialer Richtung ist. Für die gegebene Kugeloberfläche mit Radius R ergibt sich das Flächenintegral zu:

$$\iint_{\partial V} \vec{F} \cdot d\vec{A} = \iint_{\partial V} \vec{F} \cdot (R^2 \sin\theta \, d\theta \, d\varphi \, \hat{e}_r).$$

Da $\vec{F}(\vec{r}) = \frac{1}{r}\vec{r}$ und auf der Kugeloberfläche $r = R$, ergibt sich:

$$\vec{F} \cdot \hat{e}_r = \frac{1}{R}R = 1.$$

Einsetzen ergibt:

$$\iint_{\partial V} \vec{F} \cdot d\vec{A} = \iint_{\partial V} R^2 \sin\theta \, d\theta \, d\varphi.$$

Berechnen der Integrale:

$$\int_0^{\pi} \sin\theta \, d\theta = 2, \qquad \int_0^{2\pi} d\varphi = 2\pi.$$

Einsetzen ergibt:

$$\iint_{\partial V} \vec{F} \cdot d\vec{A} = R^2 \cdot 2 \cdot 2\pi = 4\pi R^2.$$

Das Flächenintegral des Vektorfeldes ist also $4\pi R^2$.

4. Anwendung des Satzes von Gauß   Der Satz von Gauß besagt, dass das Volumenintegral der Divergenz eines Vektorfeldes über ein Volumen V gleich dem Flächenintegral des Vektorfeldes über die Oberfläche ∂V ist:

$$\iiint_V (\nabla \cdot \vec{F}) \, dV = \iint_{\partial V} \vec{F} \cdot d\vec{A}.$$

Wir haben bereits berechnet:

$$\iiint_V (\nabla \cdot \vec{F}) \, dV = 4\pi R^2, \qquad \iint_{\partial V} \vec{F} \cdot d\vec{A} = 4\pi R^2.$$

Da beide Seiten gleich sind, gilt der Satz von Gauß für das gegebene Vektorfeld und die Kugeloberfläche. ◀

2.11   Deltafunktion

Mal ehrlich: Wer hat sich nicht schon mal gewünscht, eine Funktion zu haben, die an exakt einer Stelle „wumm" macht und sonst absolut gar nichts tut? Willkommen bei der Dirac-Delta-Funktion[66]! Dieses kleine Wunderwerk der Mathematik ist sozusagen der Partyknaller unter den Funktionen.

Mathematische Spielregeln In der Welt der Distributionen definiert sich Diracs δ-Funktion so:

$$\int_V \delta(\vec{x} - \vec{r})\, dV = \begin{cases} 1, & \vec{r} \in V, \\ 0, & \text{sonst,} \end{cases}$$

bzw. ganz keck

$$\delta(\vec{x} - \vec{r}) = 0 \quad \text{für} \quad \vec{x} \neq \vec{r}.$$

Man halte fest: Die δ-Funktion springt am Punkt $\vec{x} = \vec{r}$ auf den Wert ∞ und ist sonst überall null. In der Distributionstheorie formuliert man dieses *lineare Funktional* etwas sauberer[67]:

$$\int \delta(\vec{x} - \vec{r})\, f(\vec{x})\, dV = f(\vec{r}).$$

Dies ist unsere Physiker*innen-Definition der δ-Funktion.

Beispiel

Aufgabenbeispiel 1 Die Delta-Funktion wird in Physiker*innen-Sprache in 1D definiert durch

$$\int_{-\infty}^{\infty} \delta(x - k) f(x)\mathrm{d}x = f(k).$$

a) Motivieren Sie die Definition durch eine Skizze oder einer weiteren mathematischen Definition der Delta-Funktion, jeweils inklusive ausführlicher Erklärung.
b) Berechnen Sie die folgenden Integrale.

$$\begin{aligned} I_1(a) &= \int_1^4 \delta(x - 5)(a^x + 3)\mathrm{d}x, \\ I_2(a) &= \int_{\mathbb{R}^2} \delta(\vec{x} - \vec{y})(x_1 + x_2)^2 e^{3 - x_1}\mathrm{d}x_1\mathrm{d}x_2. \end{aligned}$$

---

[66] Man spricht in der Mathematik in diesem Kontext meist nicht von Funktionen, sondern von sogenannten **Distributionen**. In der Distributionentheorie (das mathematische Feld, in dem man sich mit Distributionen, wie unter anderem Diracs δ-Funktion, beschäftigt) lernt man, dass unter anderem $\delta(\vec{x} - \vec{r})$ ein lineares Funktional ist (und keine Abbildung).

[67] Auch hier sollte ich relativieren: Es ist immer noch nicht 100-prozentig sauber definiert auf diese Art und Weise, aber uns reicht das als Definition.

Dabei sind $\vec{x} = (x_1, x_2)$ und $\vec{y} = (2, a)$.

Aufgabenbeispiel 2 Zeigen Sie, dass

$$\int_a^b f(x)\delta(c(x - x_0))\,\mathrm{d}x = \begin{cases} \dfrac{f(x_0)}{|c|} & a < x_0 < b \\ 0 & \text{sonst.} \end{cases} \quad \blacktriangleleft$$

2.11.1 How to …

… Integrale mit δ-Funktionen lösen

1. **Struktur erkennen:** Taucht $\delta(\vec{x} - \vec{r})$ im Integral auf, ist klar: Es wird nur an $\vec{x} = \vec{r}$ „durchgeklingelt". Das kann auch eine einzelne Zahl sein!
2. **Definition anwenden:** $\int \delta(\vec{x} - \vec{r})\, f(\vec{x})\,\mathrm{d}V = f(\vec{r})$.
3. **Einsetzen und fertig** Den Rest des Integrals kannst du getrost vergessen.

Ein kleines Beispiel

$$I = \int_{\mathbb{R}^2} \delta\big((x_1, x_2) - (3, a)\big)\,(x_1 + x_2)^2\,e^{3-x_1}\,\mathrm{d}x_1\mathrm{d}x_2.$$

Ersetzt man $x_1 \to 3$, $x_2 \to a$, weil dort die δ-Funktion die Bedingung erfüllt, bleibt nur noch:

$$I = (3 + a)^2 \cdot e^{3-3} = (3 + a)^2.$$

Zack, fertig – keine Integrationswut, nur ein kurzer Klick auf „Bewertung holen". Damit hast du das Wichtigste auf dem Kasten, um im weiteren Verlauf geschickt mit Delta-Funktionen umzugehen. $\blacktriangleleft$

2.11.2 Aufgaben

Beispiel

Aufgabenbeispiel 1 Die Delta-Funktion wird in Physiker*innen-Sprache definiert durch

$$\int_{-\infty}^{\infty} \delta(x - k) f(x)\mathrm{d}x = f(k).$$

a) **Motivation der Definition:**
Die Delta-Funktion kann anschaulich als eine Funktion verstanden werden, die überall null ist, außer an der Stelle $x = k$, wo sie unendlich groß ist. Ihre Fläche unter dem Graphen beträgt 1.

Erklärung: Die Delta-Funktion „pickt" den Wert der Funktion $f(x)$ an der Stelle $x = k$ heraus. Dies erklärt die Definition

$$\int_{-\infty}^{\infty} \delta(x - k) f(x)\mathrm{d}x = f(k).$$

Anschaulich bedeutet dies, dass nur der Funktionswert an $x = k$ zählt und alle anderen Werte durch die Delta-Funktion unterdrückt werden.

b) **Berechnungen:**

Berechnung von $I_1(a)$:
Da $\delta(x - 5)$ nur bei $x = 5$ ungleich null ist, ergibt sich:

$$I_1(a) = (a^5 + 3).$$

Denn wir setzen $x = 5$ in die Funktion $(a^x + 3)$ ein.

Berechnung von $I_2(a)$:
In zwei Dimensionen gilt für die Delta-Funktion:

$$\delta(\vec{x} - \vec{y}) = \delta(x_1 - 2)\delta(x_2 - a).$$

Daher reduziert sich das Integral auf die Auswertung des Integranden an $(x_1, x_2) = (2, a)$:

$$I_2(a) = (2 + a)^2 e^{3-2}.$$

Beachte, dass $e^{3-2} = e^1 = e$. Somit ergibt sich:

$$I_2(a) = (2 + a)^2 \cdot e.$$

Aufgabenbeispiel 2 Zeigen Sie, dass

$$\int_a^b f(x)\delta(c(x - x_0))\,\mathrm{d}x = \begin{cases} \dfrac{f(x_0)}{|c|} & \text{für } a < x_0 < b, \\ 0 & \text{sonst.} \end{cases}$$

Beweis:
Zunächst beweisen wir die Eigenschaft

$$\delta(c(x - x_0)) = \frac{1}{|c|}\delta(x - x_0).$$

Beweis der Skalierungseigenschaft:
Für eine Funktion[68] $\phi(x)$ muss gelten:

$$\int_{-\infty}^{\infty} \delta(c(x - x_0))\phi(x)\, dx = \phi(x_0).$$

Wir ersetzen

$$u = c(x - x_0) \quad \text{bzw.} \quad x = \frac{u}{c} + x_0.$$

Daraus folgt[69]

$$dx = \frac{1}{c}\, du.$$

Beachte: Falls $c < 0$, kehrt sich die Integrationsrichtung um, daher verwenden wir $\left|\frac{1}{c}\right|$. Das Integral transformiert sich zu

$$\int_{-\infty}^{\infty} \delta(u)\phi\left(\frac{u}{c} + x_0\right)\frac{1}{|c|}\, du.$$

Da $\delta(u)$ nur bei $u = 0$ ungleich null ist, ergibt sich[70]:

$$\int_{-\infty}^{\infty} \delta(u)\phi(\frac{u}{c} + x_0)\frac{1}{|c|}du = \frac{1}{|c|}\phi\left(\frac{0}{c} + x_0\right) = \frac{1}{|c|}\phi(x_0).$$

Vergleichen wir dies mit der Definition der Delta-Funktion:

$$\int_{-\infty}^{\infty} \delta(x - x_0)\phi(x)\, dx = \phi(x_0),$$

sehen wir:

$$\delta(c(x - x_0)) = \frac{1}{|c|}\delta(x - x_0).$$

Damit erhalten wir:

$$\int_{a}^{b} f(x)\delta(c(x - x_0))\, dx = \int_{a}^{b} f(x)\frac{1}{|c|}\delta(x - x_0)\, dx = \frac{1}{|c|}\int_{a}^{b} f(x)\delta(x - x_0)\, dx.$$

Nun verwenden wir die grundlegende Eigenschaft der Delta-Funktion über einem beschränkten Integral:

$$\int_{a}^{b} f(x)\delta(x - x_0)\, dx = \begin{cases} f(x_0), & \text{wenn } x_0 \in (a, b), \\ 0, & \text{sonst.} \end{cases}$$

---

[68] Eine beliebige glatte Testfunktion, um etwas genauer zu sein.

[69] Klar: Wenn $x = \frac{u}{c} + x_0$, dann darf man ableiten und es ergibt sich $\frac{dx}{du} = \frac{1}{c}$.

[70] Bitte nochmal kurz einen Blick auf die Definition richten!

Also ergibt sich

$$\int_a^b f(x)\delta(c(x - x_0))\,dx = \begin{cases} \dfrac{f(x_0)}{|c|}, & \text{wenn } a < x_0 < b, \\ 0, & \text{sonst.} \end{cases} \blacktriangleleft$$

Aufgabenteil 1

Aufgabe 1.1 Berechnen Sie

$$\int_{-\infty}^{\infty} \delta(x - 3)x^2 + 2x + 1\,dx.$$

Aufgabe 1.2 Berechnen Sie

$$\int_{\mathbb{R}^2} \delta(\vec{x} - \vec{y})2^{x_1} - x_2 \cdot e^{3 - x_2 + x_1}\,dx_1 dx_2,$$

dabei sind $\vec{x} = (x_1, x_2)$ und $\vec{y} = (5, 10)$.

Aufgabe 1.3 Berechnen Sie

$$\int_{\mathbb{R}^2} \delta(\vec{x} - \vec{y})x_1^2 + x_1 x_2 x_3 - x_2^2 + x_3^3\,dx_1 dx_2 dx_3,$$

dabei sind $\vec{x} = (x_1, x_2, x_3)$ und $\vec{y} = (1, 3, 2)$. $\blacktriangleleft$

Aufgabenteil 2

Aufgabe 2.1 Zeigen Sie die folgenden Identitäten:

$$\delta(x) = \delta(-x),$$
$$g(x)\delta(x - a) = g(a)\delta(x - a),$$
$$\delta(x^2 - a^2) = \frac{1}{2|a|}[\delta(x - a) + \delta(x + a)].$$

Aufgabe 2.2 Machen Sie sich bewusst, dass in 3D (kartesisch) gilt:

$$\vec{x} = (x, y, z), \quad \vec{r} = (x_0, y_0, z_0), \quad dV = dx\,dy\,dz.$$

Es ist damit klar, dass

$$\delta(\vec{x} - \vec{r}) = \delta(x - x_0)\delta(y - y_0)\delta(z - z_0).$$

In krummlinigen Koordinaten, wie zum Beispiel Zylinder- und Kugelkoordinaten:

$$\vec{x} = (u, v, w), \quad \vec{r} = (u_0, v_0, w_0), \quad dV = \frac{\partial(x, y, z)}{\partial(u, v, w)}\, du\, dv\, dw.$$

Zeigen Sie mithilfe der Definition, dass dann

$$\delta(\vec{x} - \vec{r}) = \frac{1}{\frac{\partial(x,y,z)}{\partial(u,v,w)}}\delta(u - u_0)\delta(v - v_0)\delta(w - w_0).$$

Folgern Sie nun lässig, wie die Delta-Funktion in Zylinder- und Kugelkoordinaten aussieht[71]. ◄

---

[71] Für Profis: Wie sieht es mit anderen Koordinaten aus? Zum Beispiel ellipsoid?

MIX
Papier aus verantwortungsvollen Quellen
Paper from responsible sources
FSC® C105338

If you have any concerns about our products,
you can contact us on
ProductSafety@springernature.com

In case Publisher is established outside the EU,
the EU authorized representative is:
Springer Nature Customer Service Center GmbH
Europaplatz 3, 69115 Heidelberg, Germany

Printed by Libri Plureos GmbH
in Hamburg, Germany